Algebra for Flipped Learning

플립러닝을 위한 대수학

군 이론편

JN442352

김정섭 · 김진원 · 박유진 · 이혜령 · 정기룡 지음

KM 경문사

머리말

대수학은 연산 구조가 있는 집합에 대한 체계적인 이해를 목표로 하는 순수 수학의 한 분야이다. 본 교재는 대수학을 처음 배우는 수학과 및 수학교육과 학생들을 위해 쓰인 두 권의 시리즈물 중 첫 번째 편이다. 이번 권은 군(나눗셈이 있는 이항연산의 집합)이론에 대한 논의로 원소의 개수가 작은 군을 모두 분류하는 것을 목표로 하였다. 이러한 목표에 도달하는 데 사전식 나열로 출발하는 기존의 교재 구성 방식을 지양하고 필요에 의해 정의를 만들고 성질을 유도해 가는 구성주의적 접근법으로 내용을 채우려고 노력하였다. 되도록 새로운 용어나 정의의 도입은 최소화했다.

중·고교 과정에서 군의 대표적인 예는 유리수이다. 연산 순서에 의존하는 예는 함수의 합성연산에 대한 역함수이다. 군 이론에서는 이러한 개별적 연산을 하나의 틀에서 바라보려고 한다. 이는 여타 수학의 다른 분야 마찬가지로 군의 분류 문제로 귀결된다. 대상을 분류하기 위해서는 그것들의 공통적인 성질이나 존재성 문제를 따져 보는 것이 시작점이다. 이 교재에서 군의 공통된 성질은 가능한 연산표를 작성해가면서 찾아간다. 때때로 이러한 발견을 통해 일반적 상황에 대한 서술이 가능하면 그것을 정의나 새로운 명제로 설정한다. 한편, 이 책에서는 존재성을 보장 받기 위해 군의 작용 개념(집합의 원소를 바꾸는 방법)을 책의 전반부에 도입한다. 이 개념은 고교과정에서 여러 가지 조합수를 계산할 때 암묵적으로 사용했었다. 이런 측면에서 군 작용 개념이 독자들에게 넘기 힘든 '벽'이라기 보다는, 단지 수학적 언어로 서술하는 방식에 익숙하지 않다고 생각한다. 그래서 이 교재의 주요명제의 증명은 군 작용의 두 가지의 주요 도움정리를 활용한 형태로 기술한다. 이 도움정리는 이 시리즈물의 두 번째 권에서 다루게 되는 분해체(방정식의 모든 근을 포함하고 사칙연산에 자유로운 최소의 집합)의 성질을 밝힐 때도 핵심적 역할을 하고 있으므로 반복적인 사고 연습을 필요로 한다.

본 교재의 이름에 드러나 있듯이 이 교재는 강의자와 학습자 사이의 토론 및 토의할 수 있는 기회를 줄 수 있도록 다양한 형태로 내용을 구성하였다. 연습문제, 탐구문제, 도전문제를 통해 강의식으로 제시하기보다는 학습자 스스로 탐구할 수 있도록 유도하였다. 특히, 증명을 이해하는 것만으로 토론이 되도록 독립적 증명법으로 채우기도 했다. 그리고 학습자 스스로 일반적인 상황을 유추를 할 수 있도록 하기 위해 증명은 특정 상황에 한정하여 쓰기도 했다.

책의 내용이 더 높은 단계의 대수학을 학습하는 데 필요한 배경지식을 담기에는 부족한 면이 없지 않다. 하지만 저자들은 대수학을 처음 접하는 독자들이 명료하고 명쾌하게 대수학을 이해하기 바라는 마음에서 집필하였다. 그 어떤 추상적인 것도 실체가 없다면 공허하다. 개 책 내용은 다음과 같이 구성되어 있다.

제 1 장에서는 복소수와 행렬에 대한 기본적인 내용과 정수의 기초적인 성질들을 요약한다. 그리고 대상을 모으고 분류하는 데 필요한 집합의 언어를 알아본다.

제 2 장에서는 이항연산의 특징을 통해 원소의 개수가 11 이하인 모든 군의 연산표를 찾는다. 특정한 성질을 갖는 원소의 존재성을 보장 받기 위해 군 작용의 일반적 내용을 기술한다.

제 3 장에서는 군의 동형이론과 관련된 여러 가지 명제들을 탐구한다. 특히, 부분군으로부터 유도되는 상집합의 이항연산과 그 특징을 살펴본다.

제 4 장에서는 부분군의 형태와 그 관계성을 분석(실로우 정리)한다. 이 단원의 모든 내용은 이 시리즈물의 두 번째 권의 핵심 내용인 갈루아 이론(Galois theory)을 위한 준비 학습이다.

제 5 장에서는 집합의 곱집합 개념을 활용하여 군을 확장해보고 유한 가환군을 모두 분류한다.

제 6 장에서는 이 시리즈물의 두 번째 권의 내용을 공부하는 데 필요로 하는 특정 군을 기술한다. 그리고 다항식 이론을 공부하는 데 동기 부여가 될 수 있도록, 군의 작용을 이용하여 4차 이하의 다항방정식의 해법을 설명한다.

제 7 장에서는 연습문제의 풀이를 실었다.

2024년 초겨울, 저자.

차 례

제 1 장
준비단원

공집합으로부터 출발하여 귀납적으로 구성되는 자연수와 정수, 정수의 곱집합의 동치류로 정의되는 유리수, 유리수 코시 수열의 동치류로 정의되는 실수, 그리고 방정식의 모든 근을 표현하는 복소수까지 각각의 수체계마다 논의되는 연산규칙은 우리에게 너무 익숙하다. 이러한 연산의 특징을 관찰하여 개념화 시키는 것이 군 이론의 핵심이다. 이 단원은 군 이론을 공부하기 위한 준비과정으로 이항연산의 뜻과 예제(행렬과 복소수), 정수론의 기본적 사실들을 제시한다.

1.1 이항연산(고교과정), 복소수, 행렬

고교과정에서 학습했던 **이항연산**(binary operation)의 뜻과 행렬과 복소수 연산에 대해 살펴본다. 자연수, 정수, 유리수, 실수, 복소수의 집합을 각각 $\mathbb{N}$, $\mathbb{Z}$, $\mathbb{Q}$, $\mathbb{R}$, $\mathbb{C}$로 표기한다.

1.1.1 이항연산

함수는 하나의 대상에 대한 대응이다. 이항연산은 한 쌍의 대상에 대한 대응이다. 예를 들어, 실수 집합 $\mathbb{R}$에서 연산 $\circledcirc$를

$$a \circledcirc b = ab - a - b + 1 \tag{1.1}$$

라하면

$$20 \circledcirc 20 = 20 \times 20 - 20 - 20 + 1 = 361,\ \sqrt{20} \circledcirc \sqrt{5} = 10 - 2\sqrt{5} - \sqrt{5} + 1 = 11 - 3\sqrt{5}$$

이다.

문제 1.1

식 (1.1)의 연산을 유리수 집합으로 한정하면 이항연산의 결과도 여전히 유리수임을 보이라. 즉, $a, b \in \mathbb{Q} \Longrightarrow a \circledcirc b \in \mathbb{Q}$임을 확인하라.

이러한 의미에서 이항연산의 결과가 여전히 그 집합의 원소가 되는지 유의해야 한다. 한편, 이 상황을 일반적으로 말해보자.

정의 1.2

집합 X에서 정의된 이항연산 $\circledcirc$에 대하여

$$a, b \in X \Longrightarrow a \circledcirc b \in X$$

일 때, 집합 X는 이항연산 $\circledcirc$에 대하여 **닫혀있다**고 한다.

문제 1.3

집합 $X = \{x \mid x = 2^n, n \in \mathbb{Z}\}$에 대하여 집합 X는 정수의 곱셈에 대하여 닫혀있음을 설명하라.

문제 1.4

자연수 집합의 부분집합 S에 대하여 $a \in S$이면 $\frac{6}{a} \in S$가 성립한다. 집합 S를 모두 찾아라. (단, $S \neq \emptyset$이다.)

집합 X가 연산 $\circledcirc$에 대하여 닫혀있다. 임의의 $a \in X$에 대하여 등식

$$a \circledcirc e = e \circledcirc a = a$$

이 성립할때 $e \in X$를 집합 X의 연산 $\circledcirc$에 대한 **항등원(identity)**이라 한다. 한편, 원소 $a \in X$에 대하여 등식

$$a \circledcirc b = b \circledcirc a = e$$

가 성립하는 b가 존재하면 이를 a의 **역원(inverse)**이라 한다. 이때 $b = a^{-1}$ (또는 $b = -a$)로 기호 표기한다. 예를 들어, 정수 집합 $\mathbb{Z}$의 덧셈연산에 대한 항등원은 0이다. 그리고 $a \in \mathbb{Z}$의 역원은 $-a$이다.

문제 1.5 **탐구문제**

실수 집합 $\mathbb{R}$의 부분집합 $X = \{a + b\sqrt{2} \mid a, b \in \mathbb{Q}\}$에 대하여 다음 물음에 답하라.

(1) 집합 X는 덧셈과 곱셈 연산에 관해 닫혀있음을 확인하라.

(2) 항등원을 찾아라.

(3) $1 + \sqrt{2} \in X$의 곱셈에 대한 역원을 찾아라.

1.1.2 복소수(평면)와 행렬의 기초

복소수 $a + bi$를 좌표평면 위의 점 (a, b)에 대응시키면 복소수 집합 $\mathbb{C}$와 좌표평면 $\mathbb{R}^2$은 일대일대응 관계에 있다. 그래서 복소수의 덧셈 연산은 좌표평면의 벡터연산으로 환원하여

생각할 수 있다. 한편, 복소수의 곱셈 연산은 극좌표계를 이용하여 기하적 설명이 가능하다.

문제 1.6 **복소수 극형식 = 극좌표계**

복소수 집합 $\mathbb{C}$의 부분집합

$$Z = \{\cos\theta + i\sin\theta \mid 0 \leq \theta < 2\pi\}$$

에 대하여 다음 물음에 답하라.

(1) 집합 Z는 복소수의 곱셈에 대해 닫혀있음을 삼각함수의 덧셈 정리를 이용하여 설명하라.

(2) $\cos(\frac{\pi}{6}) + i\sin(\frac{\pi}{6}) \in Z$의 곱셈에 대한 역원을 찾아라.

(3) $z = -\frac{1}{\sqrt{2}} + \frac{1}{\sqrt{2}}i \in Z$의 곱셈에 대한 역원을 찾아라.

선형대수학에서 연립방정식의 표현과 선형변환의 기저표현 방법의 하나로 행렬을 탐구하였고, 행렬의 판별식(determinant)을 이용하여 연립방정식의 해의 개수에 대해 탐구하였다. 그리고 선형 사상의 특성다항식을 구하기 위해 행렬 표현을 찾았고, 행렬의 불변량(특성다항식과 최소다항식)을 공부하였다. 이를 통해 선형변환의 대각화 가능성을 논의하였다.

예제 1.7

실수를 성분으로 하는 정사각행렬 A와 B에 대하여 $\det(AB) = \det(A)\det(B)$이다. 그리고 행렬 A의 역행렬이 존재할 필요충분조건은 $\det(A) \neq 0$이다. 따라서 $AB = E$이면 A와 B는 모두 역행렬이 존재한다.

명제 1.8

3×3 행렬 A에 대하여 $\mathrm{tr}(A)$는 A의 주대각원소의 합, $\mathrm{P}(A)$는 A의 주 대각 원소들에 대한 소행렬의 판별식의 합, $\det(A)$는 A의 판별식이라 하자.

(1) 임의의 가역행렬 Q에 대하여 $\mathrm{tr}(Q^{-1}AQ) = \mathrm{tr}(A)$, $\mathrm{P}(Q^{-1}AQ) = \mathrm{P}(A)$, $\det(Q^{-1}AQ) = \det(A)$이다.

(2) 특성다항식 $\chi_A(t) = \det(tE - A) = t^3 - \mathrm{tr}(A)t^2 + \mathrm{P}(A)t - \det(A)$에 대하여 $A^3 - \mathrm{tr}(A)A^2 + \mathrm{P}(A)A - \det(A)E = O$.

(3) 최고차항의 계수가 1이고 실수계수 다항식 중 $m_A(A) = O$이고 차수가 최소인 다항식 $m_A(t)$가 유일하게 존재한다. 그리고 $p(A) = O$인 임의의 다항식 $p(t)$에 대하여 $m_A(t) \mid p(t)$이다.

(4) 방정식 $m_A(t) = 0$과 $\chi_A(t) = 0$의 근은 (중근도를 무시할 때) 일치한다.

(5) 특성다항식 $\chi_A(t) = 0$의 모든 근이 실수라 하자. 행렬 A가 대각화 가능할 필요충분조건은 $m_A(t) = 0$의 모든 근이 단근일 때이다.

(6) 대칭행렬 A는 대각화 가능하고 고유벡터들은 정규직교기저로 설정할 수 있다.

증명 다항식의 나머지 정리를 이용하는 (3)을 증명해보자. 집합 $T = \{p(t) \mid p(A) = O\}$은 공집합이 아니다. 왜냐하면 A의 특성다항식 $\chi(t)$는 T의 원소이기 때문이다. 집합 T의 다항식 중 차수가 최소이고 최고차항의 계수가 1인 것을 $m_A(t)$라 하자. 그러면 임의의 $p(t) \in T$에 대하여 $p(t)$를 $m_A(t)$로 나눈 몫과 나머지를 $q(t)$와 $r(t)$라 하자. 단, $r(t)$의 차수는 $m_A(t)$의 차수보다 작거나 $r(t) = 0$이다. 그런데 $p(t) = m_A(t)q(t) + r(t)$의 양변에 t^i 대신 A^i를 대입하면(단, $A^0 = E$는 항등(단위) 행렬이다.) $p(A) = m_A(A)q(A) + r(A) \Rightarrow r(A) = O$이다. 만약 $r(t)$가 0 다항식이 아니라면 $m_A(t)$의 선택에 모순이다. 따라서 $m_A(t) \mid p(t)$이다. 끝으로 $m'_A(t)$가 최고차항의 계수가 1, 차수가 최소이고 $m'_A(A) = O$이라면 $m'_A(t) \mid m_A(t)$, $m_A(t) \mid m'_A(t)$이므로 $m_A(t) = m'_A(t)$이다. □

원칙적으로 행렬의 역행렬은 크래머 공식(Cramer's rule)으로 구할 수 있다. 때때로 행렬의 대수적 특징(케일리-해밀튼 정리)을 활용하여 찾을 수도 있다.

예제 1.9

이차 정사각행렬 A가 등식

$$A^2 + A + E = O \tag{1.2}$$

을 만족시킨다고 하자. 식을 변형하면 $A(-A - E) = E$이므로 A의 역행렬은 $A^{-1} = -A - E$이다.

위의 예시에서 주의할 점은 등식 (1.2)를 만족시키는 실수성분행렬 A의 존재성 문제이다. 물론 복소행렬 A는 이차 방정식 $x^2 + x + 1 = 0$의 근을 이용하여 쉽게 찾을 수 있다.

문제 1.10

좌표평면 $\mathbb{R}^2$ 위의 점을 원점을 중심으로 하여 반시계 방향으로 θ만큼 회전시키는 일차변환의 행렬 표현은 $R_\theta = \begin{pmatrix} \cos\theta & -\sin\theta \\ \sin\theta & \cos\theta \end{pmatrix}$ 이다. 이러한 변환들의 집합을 Y라 하자. 다음 물음에 답하라.

(1) 집합 Y는 행렬 곱셈에 대하여 닫혀있음을 증명하라.

(2) R_θ의 역원을 구하라.

풀이 (1) 삼각함수 덧셈정리를 이용한다. (2) $R_\theta^{-1} = R_{-\theta}$ 이다. □

문제 1.6의 복소수 집합의 부분집합 Z와 문제 1.10의 집합 Y 사이에는 '자연스러운' 일대일 대응이 있음에 유의하자. 예를 들어, 등식 (1.2)를 성립시키는 행렬은 $A = R_{\frac{2}{3}\pi}$ 이고 복소수 $\cos(\frac{2}{3}\pi) + i\sin(\frac{2}{3}\pi)$에 대응된다. 일반적으로 행렬의 곱셈에 대한 교환 법칙이 성립하지 않는 것도 선형변환의 기하적 의미로부터 유추할 수 있다.

문제 1.11 **탐구문제**

행렬 $A = \begin{pmatrix} \cos\frac{2}{3}\pi & -\sin\frac{2}{3}\pi \\ \sin\frac{2}{3}\pi & \cos\frac{2}{3}\pi \end{pmatrix}$ 와 $B = \begin{pmatrix} 1 & 0 \\ 0 & -1 \end{pmatrix}$ 에 대하여 다음 물음에 답하시오.

(1) $AB \neq BA$임을 확인하라.

(2) 등식 $A^3 = B^2 = E$, $B^{-1}AB = A^2$이 성립함을 확인하라.

(3) A, B를 이용하여 만들 수 있는 가능한 모든 곱셈연산 결과의 집합을 X라 하자. 예를 들어, A^2BA, $BA^3 \in X$이다. 집합 X의 원소의 개수를 구하라.

1.1.3 연습문제

1.1.1. X 위의 위상 공간을 $\mathcal{T}_X$라 하자. $\mathcal{T}_X$ 안의 두 원소 A, B에 대하여 연산 $\circledcirc$을 $A \circledcirc B = A \cup (X - (X - B))$로 정의하자. 집합 $\mathcal{T}_X$는 연산 $\circledcirc$에 대하여 닫혀있음을 보이라.

1.1.2. 무리식 $\dfrac{1}{1+\sqrt{2}+\sqrt{3}+\sqrt{6}}$ 을 유리화하라.

1.1.3. (탐구문제) 실수를 성분으로 하는 이차 정사각행렬 A, B가

$$A^2 + B = 3E,\ A^4 + B^2 = 7E$$

를 만족시킬 때 다음 등식이 성립함을 각각 증명하라.

(1) $AB = BA$.

(2) $B^{-1} = A^2$.

(3) $A^6 + B^3 = 18E$.

1.1.4. 복소수 $\omega = \cos(\frac{6\pi}{7}) + i\sin(\frac{6\pi}{7})$에 대하여

$$(2+\omega)(2+\omega^2)(2+\omega^3)(2+\omega^4)(2+\omega^5)(2+\omega^6)$$

의 값을 구하라.

1.1.5. 행렬 $A = \begin{pmatrix} 4 & -2 \\ 3 & -2 \end{pmatrix}$에 대하여 행렬 $A^3 + A^2 - 6A - 3E$를 간단히 하라.

1.1.6. 임의의 실수 θ에 대하여 등식 $(\sin\theta + i\cos\theta)^n = \sin n\theta + i\cos n\theta$이 성립시키는 20이하의 양의 정수 n을 모두 찾아라.

1.1.7. 일차변환 $f : \mathbb{R}^2 \to \mathbb{R}^2$, $f(x, y) = (x + 3y, 2x + 4y)$에 대하여 다음 물음에 답하라.

(1) 표준기저 $(1, 0), (0, 1)$에 대한 변환 f의 행렬표현을 찾아라.

(2) 변환 f에 의하여 $(1, 2), (-1, 1)$은 각각 어떤 점으로 옮겨지는지 구하라.

1.1.8. 좌표평면 $\mathbb{R}^2$ 위의 점 $(4, 2)$를 원점을 중심으로하여 60° 만큼 회전이동한 점의 좌표를 구하라.

1.1.9. (탐구문제) 임의의 실수 θ에 대하여 등식 $\cos 3\theta = a\cos^3\theta - b\cos\theta$가 성립할 때, $a + b$의 값을 구하라.

1.1.10. 행렬 $A = \begin{pmatrix} 1 & 0 \\ 1 & 2 \end{pmatrix}$에 대하여 등식 $A^2 - 3A + mE = O$와 $A^3 - 3A^2 + 3A = nA$를 만족시키는 상수 m, n을 각각 구하라.

1.1.11. 좌표공간 $\mathbb{R}^3$ 안의 xy평면 대칭변환을 σ, z축을 회전축으로 하여 반시계방향으로 90°만큼 회전시키는 변환을 τ라 하자. 변환 σ, τ에 대응하는 행렬 A, B를 각각 찾아라. 그리고 판별식 $\det(A^3 - B)$의 값을 찾아라.

1.1.12. z에 대한 방정식 $z^3 = -27i$의 해를 구하라.

1.1.13. (탐구문제) 좌표평면에서 정의된 일차변환 f_i, $1 \le i \le 4$가 다음과 같을 때 물음에 답하라.

f_1: x축 대칭변환, f_2: y축 대칭변환, f_3: $y = -x$축 대칭변환,
f_4: 원점을 중심으로 하여 반시계 방향으로 $\frac{\pi}{2}$만큼 회전시키는 변환

(1) 표준기저에 대한 변환 f_i의 행렬표현을 찾아라.

(2) 합성변환 $f_3 \circ f_2$는 회전변환일 때 회전각을 구하라.

(3) 등식 $f_1 \circ f_4 = f_k$를 만족시키는 k의 값을 구하라.

1.1.14. (탐구문제) 이차 정사각행렬 A, B에 대하여 등식 $A = AB - BA$가 성립한다. 다음 물음에 답하라.

(1) 등식 $2A^2 = A^2B - BA^2$이 성립함을 보이라.

(2) $\mathrm{tr}(A) = 0$임을 보이라.

(3) 케일리-해밀튼 정리를 이용하여 $A^2 = O$임을 보이라.

1.1.15. 고윳값이 1, 3인 이차 정사각행렬 A에 대하여, 등식 $A^2 = aA + bE$를 만족시키는 실수 a, b가 존재한다. 이때, a과 b의 값을 각각 구하라.

1.1.16. 복소수 $z = \frac{\sqrt{3}+i}{2}$에 대하여 등식 $z^n + z^{-n} = \sqrt{3}$을 만족시키는 15이하의 자연수 n을 모두 찾아라.

1.2 집합론 기초

이 난원에서는 앞으로 자주 이용하게 되는 집합론의 기초적 용어, 정의 및 성질들을 요약한다.

1.2.1 동치관계, 동치류 그리고 상집합

정의 1.12 동치관계(equivalence relation)

집합 X 위의 동치관계 $\sim$라는 것은 각 원소 $a, b \in X$에 대하여 다음 세 조건

(1) $a \sim a$

(2) $a \sim b$이면 $b \sim a$

(3) $a \sim b$이고 $b \sim c$이면 $a \sim c$

가 성립할 때이다. 동치관계 $\sim$가 있는 집합 X를 $(X, \sim)$으로 표기하기도 한다.

집합 X 위의 **동치관계** $\sim$를 집합의 용어로 서술하면 다음과 같다. 곱집합 $X \times X$ 안의 다음 세 조건을 만족시키는 부분집합 $R \subset X \times X$를 X의 동치관계라 한다.

- 임의의 $a \in X$에 대하여 $(a, a) \in R$이다.
- $(a, b) \in R$이면 $(b, a) \in R$이다.
- $(a, b) \in R$이고 $(b, c) \in R$이면 $(a, c) \in R$이다.

동치관계는 어떤 집단 안의 원소 사이의 관계 중 '같은'것에 대해 논의할 때 필요한 수학적 언어이다. 집합 X 안의 한 원소 $x \in X$에 대하여 x와 동치관계에 있는 원소들을 모은 집합

$$[x] = \{y \in X \mid y \sim x\}$$

를 x의 **동치류(equivalence class)**라고 한다. 때때로 x의 동치류 $[x]$를 $\overline{x}$로 표기하기도 한다.

예제 1.13

정수 집합 $X = \mathbb{Z}$에서 관계 $a \sim b \Leftrightarrow a - b = 5k$는 동치관계이다. 그리고 동치류는 $[0]$, $[1]$, $[2]$, $[3]$, $[4]$로 서로 다른 다섯 가지이다.

위의 예제와 같이 $[0] = [5] = [10] = \cdots$ 와 같이 동치류의 표현은 그 집합 안의 어떠한 원소를 선택해도 같다. 그래서 '대표적'으로 뽑아 쓴 $0, 1, 2, 3, 4$들을 동치류의 **대표원**(representative)이라 한다. 한편, 동치류의 정의로부터 집합 X를 **분할**(집단 나누기)할 수 있다.

명제 1.14 **집합의 동치류 분할**

임의의 $x, y \in X$에 대하여 $[x] \cap [y] = \emptyset$ 또는 $[x] \cap [y] = [x] = [y]$이다. 따라서

$$X = \bigcup_{x \in X} [x] \tag{1.3}$$

이다.

증명 $z \in [x] \cap [y] \neq \emptyset$이면 $z \in [x]$, $z \in [y]$이다. 즉, $z \sim x$이고 $z \sim y$이므로 $x \sim y$이다(동치관계 (3)). 따라서 임의의 $u \in [x] \Rightarrow u \sim x \Rightarrow u \sim y$이므로 $u \in [y]$이다. 즉, $[x] \subset [y]$이다. x와 y의 역할을 바꾸면 $[y] \subset [x]$이다. 결국 $[x] = [y]$이다. □

명제 1.14의 증명과정에서 의해 $x \sim y \iff [x] = [y]$임에 유의하라. 그리고 등식 (1.3)에서 서로 다른 $x \neq x' \in X$에 대하여 $[x] = [x']$이 될 수 있으므로 중복해서 동치류를 쓰지 않는 것으로 약속한다.

예제 1.15

정수 집합 $\mathbb{Z}$의 동치관계를 $a \sim b \Leftrightarrow a - b = 3k$라 하면 $X = [0] \cup [1] \cup [2]$이다.

동치류를 원소로 간주하는 새로운 집합을 생각할 수 있다.

정의 1.16 **상집합(quotient set)**

집합 X의 모든 동치류의 모임을 **상집합**이라 하고, 기호로는

$$X/\!\sim = \{[x] \mid x \in X\}$$

로 표기한다.

예제 1.17

실수 집합 $\mathbb{R}$의 닫힌구간 $X = [0,5]$와 부분집합 $A = \{0,1,2,3,4\}$에 대하여 동치 관계를

$$x \sim y \quad \Leftrightarrow \quad x, y \in A$$

로 정의하자. 그러면 상집합 $X/\sim$은 네잎 클로버 모양이다.

벡터공간에서도 상집합(벡터공간) 개념을 생각할 수 있다. 즉, 벡터공간 V와 부분공간 N에서 임의의 $v, w \in V$에 대하여

$$v \sim w \iff v - w \in N$$

으로 관계를 정의하면 V의 동치관계이다. 그리고 상집합은

$$V/\!\sim = \{[v] \mid v \in V\}$$

이다. 벡터공간 V의 덧셈과 스칼라배 연산을 이용하여 상집합 $V/\!\sim$의 덧셈과 스칼라배 연산을 정의할 수 있다. 즉,

$$[v], [w] \in V/\!\sim,\ k \in \mathbb{R} \Rightarrow [v] + [w] = [v + w], k[v] = [kv] \tag{1.4}$$

로 정의하면 된다. 물론 서로 다른 대표원을 선택하여 등식 (1.4)와 같이 연산을 하더라도 그 결과는 같은 동치류가 된다는 것은 확인이 필요하다. 부분공간 N을 강조하여 상집합을 $V/\!\sim = V/N$으로 표시하기도 하고, 동치류는 $[v] = v + N$으로 부분공간을 강조하여 표시하기도 한다.

정의 1.18　표준사영함수

집합 X에서 상집합 $X/\sim$으로의 **표준사영함수** π는

$$\pi : X \to X/\sim,\ \pi(x) = [x]$$

로 정의한다. 즉, 함수 π는 $x \in X$에 대하여 그것을 대표원으로 하는 동치류 $[x]$에 대응시키는 함수이다.

표준사영함수 π의 정의로부터 임의의 $[x] \in X/\sim$에 대하여 $\pi^{-1}([x]) = [x]$이다. 동치관계와 상집합은 함수로부터 만들어지는 두 집합 사이의 관계를 살피고자 할 때도 매우 유용하게 쓰인다. 아래의 명제에서 서술된 내용은 앞으로 배우는 대수 및 기하적 대상(군, 환, 체, 위상 공간)에서 용어를 바꾸면 같은 방식의 생각을 할 수 있도록 해준다.

명제 1.19　함숫값에 의한 상집합

집합 X에서 Y로의 위로의 함수 $f : X \to Y$에 대하여 정의역 X의 동치관계를

$$a \sim b \Leftrightarrow f(a) = f(b)$$

로 정의하자. 그러면 $\bar{f} : X/\sim \to Y,\ \bar{f}([x]) = f(x)$로 정의된 대응은 일대일대응이다.

증명　Step 1. 대응 $\bar{f}$는 함수이다. 즉, $[x] = [y]$이면 $x \sim y$이므로 $f(x) = f(y)$이다. 따라서 $\bar{f}([x]) = f(x) = f(y) = \bar{f}([y])$이다.

Step 2. 함수 $\bar{f}$는 일대일이다. $\bar{f}([x]) = \bar{f}([y])$이면 $f(x) = f(y)$이다. 동치관계의 정의로부터 $x \sim y$이므로 $[x] = [y]$이다.

Setp 3. $\bar{f}$는 위로의 함수이다. 임의의 $y \in Y$에 대하여 함수 f는 위로의 함수이므로 $f(x) = y$인 어떤 $x \in X$가 존재한다. 따라서 $\bar{f}([x]) = f(x) = y \in Y$이다. □

명제 1.19의 함수 f가 위로의 함수가 아니더라도 치역이 아닌 공역의 원소는 정의역의 동치관계 정의에 역할이 없으므로 명제 1.19의 Y 대신 $\mathrm{im}(f)$로 바꾸어 서술해도 된다.

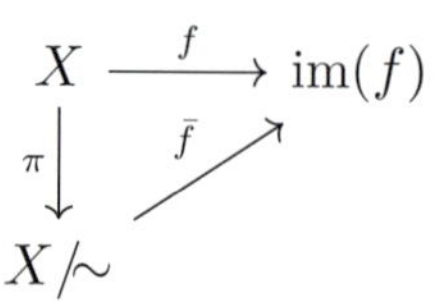

그리고 $\bar{f}$가 일대일대응임을 강조하기 위해 $X/{\sim} \overset{\bar{f}}{\cong} \mathrm{im}(f)$로 표시하기도 한다.

예제 1.20

함수

$$f : \mathbb{R}^3 \to \mathbb{R}^2,\ (x, y, z) \mapsto (x, y)$$

는 위로의 함수이다. 그러므로 상집합 $\mathbb{R}^3/{\sim}$과 치역 $\mathbb{R}^2$은 $\bar{f}$로부터 일대일대응 관계에 있다. 상집합 $\mathbb{R}^3/{\sim}$의 원소(동치류)를 기하적으로 묘사하면 xy-평면 위의 한 점을 지나고 z축에 평행한 직선들이다.

문제 1.21

예제 1.20의 상집합 $\mathbb{R}^3/{\sim}$에 덧셈과 상수배 연산을 등식 (1.4)와 같이 정의하면 $\bar{f}$가 선형동형 함수임을 확인하라.

풀이 명제 1.19에 의해 $\bar{f}$가 일대일대응이다. 상수 k와 동치류 $[v]$, $[w] \in \mathbb{R}^3/{\sim}$에 대하여

$$\bar{f}([v + kw]) = f(v + kw) = f(v) + kf(w) = \bar{f}([v]) + k\bar{f}([w])$$

이므로 $\bar{f}$는 선형함수이다. □

1.2.2 연습문제

1.2.1. 정수 집합 $\mathbb{Z}$ 위의 동치관계를 $a \sim b \iff a - b$는 7의 배수로 정의할 때 상집합 $\mathbb{Z}/{\sim}$의 원소를 원소나열법으로 제시하라.

1.2.2. 집합 $X = \{1, 2, 3, 4, 5\}$ 위의 한 동치관계 $\sim$에 의한 X의 분할이 $X = \{1, 3\} \cup \{2, 4\} \cup \{5\}$이다. 다음 물음에 답하라.

(1) 동치관계 $\sim$을 곱집합 $X \times X$의 부분집합 R로 제시하라.

(2) 상집합 $X/{\sim}$의 원소를 원소나열법으로 제시하라.

1.2.3. (탐구문제) 함수 $f : X \to \mathbb{R}$에 대하여 X 위의 관계를 $a \sim b \iff f(a) = f(b)$로 정의할 때 다음 물음에 답하라.

(1) $\sim$는 X 위의 동치관계임을 증명하라.

(2) f가 상수 함수이면 $n(X/\sim) = 1$임을 보이라.

(3) X가 유한집합이고 f가 일대일함수이면 $n(X) = n(X/\sim)$임을 보이라.

1.2.4. 자연수 집합 $\mathbb{N}$의 곱집합 $X = \mathbb{N} \times \mathbb{N}$에 관계 $(m, n) \sim (s, t) \iff m + t = n + s$로 정의하면 $\sim$은 동치관계임을 보이라.

1.2.5. 정수의 곱집합 $X = \mathbb{Z} \times (\mathbb{Z} \setminus \{0\})$에 대하여 다음 물음에 답하라.

(1) 관계 $(a, b) \sim (c, d) \iff ad = bc$로 정의하면 $\sim$은 동치관계임을 보이라.

(2) 동치류 $[(a, b)]$를 $\frac{a}{b}$인 유리수와 동일시화 할 때, 상집합 $X/\sim$에서의 곱셈 연산은 $[(m, n)] \cdot [(s, t)] = [(ms, nt)]$로 정의한다. 이때, 덧셈 연산을 정의해보라.

1.2.6. (탐구문제) 함수 $\operatorname{sgn} : \mathbb{R} \to \{1, 0, -1\}$을 $\operatorname{sgn}(x) = \begin{cases} \dfrac{x}{|x|}, & x \neq 0 \\ 0 & x = 0 \end{cases}$ 으로 정의할 때, 함수 sgn에 의한 상집합 $\mathbb{R}/\sim$의 원소의 개수를 구하라.

1.2.7. (탐구문제) 좌표평면 $\mathbb{R}^2$ 위의 관계 $(x_1, y_1) \sim (x_2, y_2) \iff 2x_1 - y_1 = 2x_2 - y_2$에 대하여 다음 물음에 답하라.

(1) 관계 $\sim$는 동치관계임을 보이라.

(2) 함수 $f : \mathbb{R}^2 \to \mathbb{R}$, $f(x, y) = 2x - y$로 정의하면 f는 위로의 함수임을 보이라.

(3) f의 함숫값에 의한 상집합을 $X/\sim_f$ 이라할 때, $X/\sim_f = X/\sim$임을 보이라.

1.2.8. 벡터 공간 V의 부분 공간 N에 대한 상집합 V/N에 대하여 $[v_1] = [v_2], [w_1] = [w_2] \in V/N$이면 $[v_1 + w_1] = [v_2 + w_2]$임을 보이라.

1.2.9. 차원이 $\dim V = 5$인 벡터 공간 V의 부분 공간 N의 차원이 $\dim N = 2$일 때, 상벡터 공간 V/N의 차원을 구하라.

1.2.10. (도전문제) 집합 X 위의 서로 다른 두 동치관계 $\sim$와 $\sim'$에 대하여 $a \sim b$ $(a, b \in X)$이면 $a \sim' b$가 성립한다. 그리고 공역이 Y인 함수 $f : X \to Y$에 대하여 $a \sim b$이면 $f(a) = f(b)$이다. 다음 물음에 답하라.

(1) 대응 $\bar{f}([x]) = f(x)$, $\bar{f} : X/\sim \to Y$는 함수임을 보이라.

(2) 표준사영 함수 $\pi : X \to X/\sim$과 $\pi' : X \to X/\sim'$에 대하여 등식 $\pi' = \bar{\pi} \circ \pi$이 성립하는 함수 $\bar{\pi} : X/\sim \to X/\sim'$가 존재함을 보이라.

(3) X가 유한집합이면 $n(X/\sim) \geq n(X/\sim')$임을 보이라.

(4) $f : \mathbb{Z}_4 \to \mathbb{Z}_2$로의 대응을 $f([x]) = [x]$로 정의하면 f는 위로의 함수임을 보이라.

1.3 정수의 기초적 성질

본 단원은 앞으로 배울 내용에서 필요로 하는 정수의 기본적인 성질을 탐구한다.

1.3.1 정수의 정렬성

자연수의 구성은 집합론을 이용하여 공리적으로 구성이 가능하다(피아노 공리계). 수의 구성 후 논의되는 것들은 정수의 기초적 성질들을 증명할 수 있는 뿌리에 해당한다.

명제 1.22 정수의 정렬성(well-ordering property)

자연수 집합 $\mathbb{N}$의 부분집합 $S \neq \emptyset$에는 항상 최소원소 $l \in S$가 존재한다.

정수의 정렬성은 사실상 기초 정수론의 시작점이라고 할 수 있다. 이 성질을 이용하여 수학적 귀납법과 정수의 나머지 정리를 정립한 후 논의를 진행해 나간다. 정수의 정렬성을 이용하면 기존의 증명법과 다른 형태의 명제 증명 방법을 발견할 때도 있다. 예를 들어, 실수 $\sqrt{2}$는 유리수가 아님을 정수의 정렬성을 이용하여 증명할 수 있다. 자연수 집합의 부분집합을

$$S = \{n \mid n\sqrt{2} \in \mathbb{N}\} \subset \mathbb{N}$$

으로 정의하자. 만약 $\sqrt{2}(= a/b)$, $(a, b) = 1, a, b \in \mathbb{N}$을 유리수라 하면 $S \neq \emptyset$이다. 그러면 정수의 정렬성으로부터 최소인 원소 $l \in S$가 존재한다. 그리고 $(\sqrt{2} - 1)l\sqrt{2} = 2l - l\sqrt{2}$에서 $l \in S$이므로 이 식의 우변의 값과 $(\sqrt{2} - 1)l$은 모두 자연수이다. 따라서 집합 S의 정의로부터 $(\sqrt{2} - 1)l \in S$이다. 그러나 $\sqrt{2} < 2$이므로 $(\sqrt{2} - 1)l < l$이다. 이는 l의 최소성에 모순이다.

1.3.2 수학적 귀납법

자연수 집합(또는 그 부분집합)에서 성립하는 명제를 증명하는 방법 중 하나가 수학적 귀납법이다. 이 증명법은 직전(또는 이전)에 성립하는 명제를 이용하여 '현재와 미래'를 증명하는 것으로, 그 핵심은 연결고리에 해당하는 부분을 기술하는 것이다. 한편, 수학적 귀납법을 활용하여 명제가 참이라고 밝혀질지라도 그 의미를 완전히 파악할 수 있는 것은 아니다. 예를 들어, 양의 실수 h와 임의의 양의 정수 n에 대하여 부등식

$$1 + nh \leq (1 + h)^n$$

이 성립함을 수학적 귀납법으로 증명가능하다. 하지만 이 부등식의 이면에는 이항정리(또는 테일러 정리)가 숨어 있다는 사실을 조합수(또는 미분)를 배운 이후 알게 된다. 보통 수학적 귀납법은 $n = k$일 때 명제가 참임을 가정하고 $n = k+1$일 때도 성립함을 증명하지만, 실제로는 $n \le k$인 모든 자연수 n에 대하여 명제가 성립한다는 것에 유의하라.

예제 1.23 강한 귀납법

모든 자연수 $n \ge 8$은 유한개의 3과 5의 합으로 쓸 수 있다. $8 = 3+5$, $9 = 3+3+3$, $10 = 5+5$이므로 $n \ge 11$인 모든 자연수에 대해 명제가 참임을 확인하자. 만약 $n \le k$일 때 명제가 참이라고 가정하자. $k+1 = (k-2)+3$이므로 귀납법 가정으로부터 $n = k-2$일 때도 명제는 참이므로 $n = k+1$일 때도 참이다. 그러므로 준 명제는 $n \ge 8$인 모든 자연수에 대해 참이다.

1.3.3 정수의 나머지 정리와 유클리드 호제법

정수의 나머지 정리를 초등 과정으로 기술하면 가분수는 항상 진분수로 바꾸어 쓸 수 있다는 것을 보장해주는 명제이다. 우리는 나눗셈 연산에 익숙하여 해보면 된다고 생각하기 때문에 정리라고 하기엔 너무 거창하다. 하지만

'정수 2025^{2025}를 192로 나눈 나머지는 존재하느냐?'

라는 질문을 받게되면 나눗셈을 해보지 않고서는 모른다. 이 부분에 대하여 "정수의 나머지 정리"는 존재성을 보장해주기 때문에 정리라고 할 수 있다. 명제를 증명하는 과정에서 정수의 정렬성을 이용한다.

명제 1.24 정수의 나머지 정리

정수 a, $b(\ne 0)$에 대하여 다음 등식을 만족시키는 두 정수 q와 r이 꼭 한 쌍 존재한다.

$$a = bq + r,\ 0 \le r < |b|$$

이때, q와 r을 각각 a(피제수)를 b(제수)로 나누었을 때의 **몫**과 **나머지**라 부른다.

증명 논의의 간결함을 위해 a와 b를 자연수라 하자. 만약 $a < b$이면 $q = 0$, $r = a$로 두면 충분하다. 집합

$$S = \{a - bq \mid a - bq \ge 0, q \in \mathbb{N}\}$$

이라 하면 $0 < a = a - b \cdot 0$이므로 $S \neq \emptyset$이다. 그러므로 정수의 정렬성으로부터 집합 S는 최소원이 존재한다. 이 최소원을 $\min(S) = a - bq_0 = r$이라 두자. 만약 $b \leq r$이면

$$a - b(q_0 + 1) = r - b \geq 0$$

이므로 $r - b \in S$이다. 그런데 $b > 0 \Rightarrow r - b < r$이므로 r의 최소성에 모순이다. 따라서 $0 \leq r < b$이다. 한편, $a = bq + r = bq' + r'$이면 $b(q - q') = r' - r$이다. 그러면 $0 \leq r, r' < b$이므로 $q - q' = 0$이고 $r' - r = 0$이다. 즉, 몫과 나머지는 유일하다. 임의의 정수 a, b에 대한 논의는 탐구문제로 남긴다. □

문제 1.25

음의 정수 -2025을 192로 나누었을 때 몫과 나머지를 구하여라.

다항식의 나머지 정리도 고교과정에서 학습하였다. 이 단원에서 나오는 모든 논의는 다항식에서도 평행하게 전개할 수 있음에 유의하라. 명제 1.24에서 $r = 0$일 때는 a와 b에 특별한 이름을 붙인다.

정의 1.26

정수 a와 b에 대하여 $a = bq$이면 a는 b의 **배수** 또는 b는 a의 **약수**라 한다. 기호로는 $b \mid a$로 쓴다.

예를 들어, 정수 6의 약수는 $6, 3, 2, 1, -1, -2, -3, -6$이다. $c|a$이고 $c|b$이면 c를 a와 b의 **공약수**라고 한다. 그리고 $a|m$이고 $b|m$이면 m을 a와 b의 **공배수**라 한다.

문제 1.27

두 자연수 a, b에 대하여 $a|b$이고 $b|a$이면 $a = b$임을 보이라.

풀이 $a|b \Rightarrow ac = b$, $b|a \Rightarrow bd = a$이다. 따라서 $cd = 1$이므로 $c = 1$이다. □
끝으로 정의 1.26을 이용하여 소수의 개념$(b|p \Rightarrow b = \pm 1$ 또는 $\pm q)$을 정의할 수 있다.

정리 1.28 정수의 인수분해

임의의 자연수는 순서를 무시 하였을 때, 유일한 방법으로 인수분해 가능하다. 즉,

$$n = q_1^{m_1} \cdot q_2^{m_2} \cdots q_k^{m_k}$$

가 되는 소수 $q_1 < q_2 < \cdots < q_k$ 와 양의 정수 $m_1, m_2, \cdots, m_k$ 가 유일하게 존재한다.

정리 1.28의 결과를 이용하여 자연수(정수)의 최대공약수와 최소공배수의 개념을 정의할 수 있다.

정의 1.29 최대(소)공약(배)수

두 자연수 a, b가

$$a = q_1^{n_1} \cdot q_2^{n_2} \cdots q_k^{n_k}, \ b = q_1^{m_1} \cdot q_2^{m_2} \cdots q_k^{m_k}$$

와 같이 인수분해 된다고 하자. 어떤 소수 q_i 가 a와 b의 약수가 아니면 n_i 또는 m_j 를 0으로 두자. 이때, 두 수 a, b의 **최대공약수는**

$$(a, b) = q_1^{\min\{n_1, m_1\}} \cdot q_2^{\min\{n_2, m_2\}} \cdots q_k^{\min\{n_k, m_k\}}$$

로 정의하고, a, b의 **최소공배수는**

$$[a, b] = q_1^{\max\{n_1, m_1\}} \cdot q_2^{\max\{n_2, m_2\}} \cdots q_k^{\max\{n_k, m_k\}}$$

로 정의하자.

때때로 $(a, b) = \gcd(a, b)$와 $[a, b] = \operatorname{lcm}(a, b)$와 같이 표기하기도 한다. 정의로부터 두 자연수 a, b의 최대(소) 공약(배)수는 (a, b) $([a, b])$는 a와 b의 공통인 약(배)수 중에서 최대(소)인 것이다.

문제 1.30

등식 $[a, b] = \frac{a \cdot b}{(a, b)}$ 가 성립함을 증명하라.

풀이 $\min\{n_i, m_i\} + \max\{n_i, m_i\} = n_i + m_i$이므로

$$[a, b](a, b) = q_1^{m_1+n_1} \cdot q_2^{m_2+n_2} \cdots q_k^{m_k+n_k} = a \cdot b$$

이다. □

정의 1.29는 큰 자연수의 인수분해가 어렵기 때문에 구체적 계산에서 약점이 있다. 이러한 부분을 보완하는 것이 유클리드 호제법이다.

명제 1.31 유클리드 호제법(Euclidean algorithm)

두 정수 a, b에 대하여 $a = bq + r$를 만족시키는 정수 q와 r가 존재한다고 하자. 그러면 $(a, b) = (b, r)$이다.

증명 $a = bq + r \Rightarrow (b, r)|a$이므로 (b, r)는 a, b의 공약수이다. 따라서 최대공약수의 정의로부터 $(b, r)|(a, b)$이다. 한편, $a - bq = r \Rightarrow (a, b)|r$이므로 (a, b)는 b, r의 공약수이다. 따라서 최대공약수의 정의로부터 $(a, b)|(b, r)$이다. 따라서 문제 1.27의 결과로부터 $(a, b) = (b, r)$이다. □

명제 1.31로부터 나눗셈을 반복해서 실행하면 제수가 나머지보다는 크기 때문에 두 수의 최대공약수를 찾을 수 있다. 즉, 이 과정을 통해 다음과 같은 정리를 서술할 수 있다.

명제 1.32 베주등식(Bézout's identity)

두 정수 a, b에 대하여 방정식

$$as + bt = (a, b)$$

를 만족시키는 정수 s, t가 적어도 한 쌍 존재한다. 특히,

$$(a, b) = 1 \iff as + bt = 1, \exists s, t \in \mathbb{Z}.$$

이다.

구체적으로 s와 t를 찾는 것은 연분수 셈법을 활용하면 기억하기 수월하다. 예를 들어, $(26, 7) = 1$이므로 정수방정식 $26s + 7t = 1$을 만족시키는 정수 s, t가 존재한다. 연분수로 표시하면

$$\frac{26}{7} = 3 + \frac{1}{\frac{7}{5}} = 3 + \frac{1}{1 + \frac{2}{5}} = 3 + \frac{1}{1 + \frac{1}{2 + \frac{1}{2}}}$$

이다. 가장 마지막 단계의 $\frac{1}{2}$을 제외한 부분을 가분수 형태로 표현하면

$$3+\frac{1}{1+\frac{1}{2}}=3+\frac{1}{\frac{3}{2}}=3+\frac{2}{3}=\frac{11}{3}$$

이다. 따라서 $s=3$, $t=-11$이다. 단, s와 t의 부호는 $26s+7t=1$이 되도록 하는 일의 자리수 셈으로 찾는다.

문제 1.33

다음 정수에 대한 베주등식을 각각 찾아라.

(1) 272와 1479

(2) 임의의 자연수 n에 대하여 $30n+2$와 $12n+1$

풀이 (1) $(272, 1479)=17$이다. 따라서 $\frac{1479}{272}=\frac{87}{16}=5+\frac{1}{\frac{16}{7}}=5+\frac{1}{2+\frac{7}{2}}=5+\frac{1}{2+\frac{1}{3+\frac{1}{2}}}$ 이다. $87\times 7-16\times 38=1$이므로 $1479\times 7-272\times 38=17$이다.

(2) $\frac{30n+2}{12n+1}=2+\frac{1}{2+\frac{1}{6n}}$ 이므로 $(30n+2)\cdot(-2)+(12n+1)\cdot 5=1$이다. □

명제 1.32의 베주등식을 푸는 과정에서 음의(히르체브루흐-융(Hirzebruch-Jung)) 연분수를 이용할 수도 있다. 예를 들어,

$$\frac{7}{3}=3-\frac{1}{\frac{3}{2}}=3-\frac{1}{2-\frac{1}{2}}$$

이므로 $3-\frac{1}{2}=\frac{5}{2}$에서 정수방정식 $7s+3t=1$의 근은 $s=-2$, $t=5$이다.

1.3.4 정수 집합의 상집합(합동식), 단원 집합 그리고 오일러(페르마) 정리

앞 단원에서 배운 상집합의 개념을 정수 집합에 적용해본다(합동식). 목적은 정수방정식을 풀기 위해 간결한 언어를 찾는 것임에 유의하라. 그리고 정수의 상집합에서 이항연산을 정의하여 특징을 살핀다. 이항연산표의 특징을 분석하면 오일러/페르마/윌슨 정리 등을 유도할 수 있다. 이항연산이 있는 일반적인 집합에서도 이와 같은 방식으로 이론을 정립해 나갈 것이므로 생각하는 방식에 익숙해지길 바란다.

정의 1.34

정수 집합 $\mathbb{Z}$에서 관계를 $a\sim b \iff m|a-b\,(a\equiv b \pmod{m})$으로 정의하자.

문제 1.35 **탐구문제**

정의 1.34의 관계는 동치관계임을 보이라.

정의 1.34로부터 유도되는 상집합 $\mathbb{Z}/\!\sim$의 원소는 정수를 m으로 나누었을 때의 나머지를 대표원으로 하는 동치류들의 집합이다. 즉,

$$\mathbb{Z}/\!\sim = \{[0], [1], \cdots, [m-1], [m]\}$$

이다. 제수 m을 강조하여 $\mathbb{Z}/\!\sim = \mathbb{Z}_m$으로 표시하기도 한다. 그리고 동치류는 $[k] = \overline{k}$로 쓰기도 한다. 상집합 $\mathbb{Z}_m$의 두 원소 $[a]$와 $[b]$의 덧셈과 곱셈은 대표원들끼리의 합과 곱으로 정의한다. 즉,

$$\overline{a} + \overline{b} = \overline{a+b},\ \overline{a} \cdot \overline{b} = \overline{a \cdot b}$$

이다. 이와 같이 기호로 쓰는 것은 가능한데 올바르게 정의된 연산이냐는 것은 별개의 문제이다. 다시 말해, 각각의 연산에 대하여 동치류의 대표원을 달리 뽑았을 때도 이항연산의 결과가 같은지 확인해야 한다.

문제 1.36

$a \sim c$이고 $b \sim d$이면 $\overline{a+b} = \overline{c+d}$임을 보이라.

풀이 $a \sim c \Leftrightarrow m|a-c \Leftrightarrow m|(a+b)-(c+b) \Leftrightarrow a+b \sim c+b$이다. □

문제 1.37

$\mathbb{Z}_2$, $\mathbb{Z}_3$, $\mathbb{Z}_4$의 연산표를 각각 찾아라.

문제 1.38 **탐구문제**

$\mathbb{Z}_5$와 $\mathbb{Z}_6$의 연산표를 완성하여 다음 물음에 답하라.

(1) $\mathbb{Z}_5$의 곱셈에 대한 항등원과 역원을 각각 구하여라.

(2) $\mathbb{Z}_6$에서 곱셈에 대한 역원이 존재할 조건을 찾아라.

상집합 $\mathbb{Z}_m$에서 곱셈의 역원이 존재하는 것들만 따로 모은 집합에 이름을 붙이자.

정의 1.39 **단원집합(set of units)**

자연수 m에 대하여 $\mathbb{Z}_m^* = \{\overline{n} \mid (n, m) = 1\} \subset \mathbb{Z}_m$을 **단원집합**이라 한다.

단원집합의 원소의 개수는 다음과 같이 구할 수 있다.

문제 1.40

집합 $\mathbb{Z}_m^*$의 원소의 개수를 $\varphi(m)$이라 할 때, 등식

$$\varphi(m \cdot n) = \varphi(m) \cdot \varphi(n)$$

이 성립함을 증명하라. 단, $(m, n) = 1$이다.

풀이 자연수 $n = p_1^{s_1} \cdot p_2^{s_2} \cdots p_k^{s_k}$로 소인수분해 된다고 하자. 집합 $\{1, 2, 3, \cdots, n\}$에서 n과 서로소인 원소를 하나 고를 확률은 p_i의 배수가 아닐 확률$(= 1 - \frac{n/p_i}{n})$의 곱이므로

$$\frac{\varphi(n)}{n} = (1 - \frac{1}{p_1}) \cdot (1 - \frac{1}{p_2}) \cdots \cdot (1 - \frac{1}{p_k})$$

이다. 그런데, m과 n의 공약수가 1뿐이므로 문제의 등식이 성립한다. □

$\mathbb{Z}_m^*$의 연산표의 각 행은 $\mathbb{Z}_m^*$의 원소를 순서바꿈한다.

명제 1.41 **오일러 정리(Euler's theorem)**

서로소인 두 정수 a와 m에 대하여 $m \mid (a^{\varphi(m)} - 1)$이다.

증명 정수의 나머지 정리로부터 $1 \le a < m$이라 할 수 있다. $(a, m) = (b, m) = 1$이면 $(ab, m) = 1$이므로 $a \cdot \mathbb{Z}_m^* = \{\overline{ak} \mid (k, m) = 1\} \overset{(a,m)=1}{\Rightarrow} a \cdot \mathbb{Z}_m^* \subset \mathbb{Z}_m^*$이다. 한편, 함수

$$f : \mathbb{Z}_m^* \to a \cdot \mathbb{Z}_m^*, \quad \overline{k} \mapsto \overline{a} \cdot \overline{k}$$

라 하면 $f(k_1) = f(k_2) \Rightarrow \overline{ak_1} = \overline{ak_2} \Rightarrow m|a(k_1 - k_2) \overset{(a,m)=1}{\Rightarrow} \overline{k_1} = \overline{k_2}$이므로 함수 f는 일대일이다. 따라서 $|\mathbb{Z}_m^*| \le |a \cdot \mathbb{Z}_m^*| \Rightarrow a \cdot \mathbb{Z}_m^* = \mathbb{Z}_m^*$이다. 원소나열법으로 두 집합의 원소를 다음과 같이 나열하자.

$$a \cdot \mathbb{Z}_m^* = a \cdot \{a_1, a_2, \cdots, a_{\varphi(m)}\} = \{aa_1, aa_2, \cdots, aa_{\varphi(m)}\} = \{a_1, a_2, \cdots, a_{\varphi(m)}\} = \mathbb{Z}_m^*.$$

같은 집합에서 원소의 곱도 같으므로

$$(aa_1)\cdot(aa_2)\cdots(aa_{\varphi(m)}) = a_1\cdot a_2\cdots a_{\varphi(m)} \pmod m$$
$$\Rightarrow m|(\overline{a}^{\varphi(m)}-1)a_1\cdot a_2\cdots a_{\varphi(m)} \overset{(a_i,m)=1}{\Rightarrow} m|a^{\varphi(m)}-1$$

이다. □

문제 1.42

정수 3^{50}을 12로 나눈 나머지를 구하라.

오일러 정리는 자연수 a를 $\varphi(m)$만큼 거듭제곱하면 항등원 1이 된다는 것이다. 만약 $\varphi(m)$보다 작은 횟수로 거듭제곱 했을 때 나타나는 규칙은 무엇일까?

문제 1.43

단원집합 $\mathbb{Z}_5^* = \{\overline{3^1}, \overline{3^2}, \overline{3^3}, \overline{3^4}\}$임을 보이라.

×	1	2	3	4
1	1	2	3	4
2	2	4	1	3
3	3	1	4	2
4	4	3	2	1

문제 1.43은 곱셈연산을 지수의 덧셈 연산으로 바꾸어 계산할 수 있게 한다는 것이다 (이산로그). 단원집합 $\mathbb{Z}_m^*$의 모든 원소를 하나의 원소의 거듭제곱, 즉,

$$\mathbb{Z}_m^* = \{\bar{g}, \bar{g}^2, \cdots, \bar{g}^{\varphi(m)}\}$$

과 같이 표현할 수 있을 때, $\bar{g}$를 $\mathbb{Z}_m^*$의 **원시근**(혹은 **원시원소, primitive root**)이라 하다.

문제 1.44

단원집합 $\mathbb{Z}_{12}^*$에 대하여 문제1.43과 같이 일정한 밑을 가지는 대표원(원시근)이 존재한다면 찾아라.

풀이 단원집합 $\mathbb{Z}_{12}^* = \{\overline{1}, \overline{5}, \overline{7}, \overline{11}\}$에서 $\overline{5}^2 = \overline{7}^2 = \overline{11}^2 = \overline{1}$이므로 불가능하다. 집합의 원소의 개수는 $|\mathbb{Z}_{12}^*| = 4$이고 각각의 원소의 역원은 자기자신임에 유의하라. □

원시근의 존재성에 대한 일반적인 결론이 있다면 매우 유용해 보인다. 기초 정수론의 자명하지 않은 결론이다.

명제 1.45 원시근의 존재성

자연수 m에 대하여 단원집합 $\mathbb{Z}_m^*$의 모든 동치류를 하나의 원시근으로 쓸 수 있을 필요충분조건은 m이 1, 2, 4, p^k, $2p^k$과 같은 꼴일 때이다. 단, p는 홀수인 소수이고 k는 자연수이다.

원시근 g를 효율적으로 찾는 방법 및 그 개수에 대해서는 정수론 책을 참조하기 바란다.

1.3.5 연습문제

1.3.1. 실수 $\sqrt{5}$는 무리수임을 정수의 정렬성을 이용하여 증명하라.

1.3.2. 단원집합 $\mathbb{Z}_8^*$과 $\mathbb{Z}_{15}^*$를 원소나열법으로 각각 제시하라.

1.3.3. 두 정수 803과 154의 최대공약수를 명제 1.31을 이용하여 구하라.

1.3.4. (탐구문제) 정수 40과 21의 베주등식 $40s + 21t = 1$을 만족 시키는 정수의 순서쌍 (s, t)를 한 쌍 구하라.

1.3.5. 등식 $\frac{13}{5} = a - \frac{1}{b - \frac{1}{c}}$을 성립시키는 자연수 a, b, c를 찾아라.

1.3.6. 정수 3^{200}을 14로 나눈 나머지를 구하라.

1.3.7. (탐구문제) 분수식 $\frac{7n+3}{2n+1}$이 정수가 되는 자연수 $n(\geq 1)$이 존재한다면 모두 찾아라.

1.3.8. $a \sim c$이고 $b \sim d$이면 $\overline{ab} = \overline{cd}$임을 보이라.

1.3.9. 다음 물음에 답하라.

(1) 단원집합 $\mathbb{Z}_{50}^*$의 원시원소 g가 존재하면 하나 찾아라.

(2) $50 \mid (n^{12} + 9)$를 만족시키는 자연수 n을 모두 구하라. 단, $1 \leq n \leq 25$이다.

1.3.10. (윌슨의 정리, 탐구문제) 홀수인 소수 p에 대하여 $p \mid (p-1)! + 1$임을 보이는 과정이다. 물음에 답하라.

(1) 단원집합 $\mathbb{Z}_p^*$의 원시원소를 g라 할 때, $(p-1)! = g^{\frac{(p-2)(p-1)}{2}}$임을 보이라.

(2) 단원집합 $\mathbb{Z}_p^*$의 원소 중 방정식 $x^2 - 1 = 0$의 근을 모두 찾아라.

(3) $p|(p-1)! + 1$임을 확인하라.

제 2 장
군의 기초

연산 구조가 있고 항등원과 역원이 있는 집합을 군이라 한다. 이 단원에서는 군의 공통된 특징과 예를 탐구한다. 그리고 부분군과 순환군에 대한 기본적인 개념을 정립한 후, 그 존재성을 군 작용의 기초이론을 통해 확인한다.

2.1 군의 기초

이항연산이 있는 집합들 중 $\mathbb{Z}_m$과 같이 역원이 존재하지 않는 경우도 있다. 그리고 행렬의 곱셈 연산과 같이 연산순서에 따라 다른 결과가 나오기도 한다. 이 단원에서는 항등원과 역원이 있는 집합에 한정짓고 그것의 공통된 특징을 공부하는 것이 주된 목적이다.

2.1.1 군의 정의

정의 2.1 군의 정의

이항연산 $*$이 있는 집합 G가 다음 조건을 동시에 만족시킬 때, 집합 G를 연산 $*$에 대한 **군(group)**이라고 한다. 그리고 군 G의 원소의 개수를 **위수(order)**라고 한다.

(1) 임의의 원소 a, b, c에 대하여 $(a * b) * c = a * (b * c)$가 성립한다.

(2) 임의의 원소 $a \in G$에 대하여 $a * e = e * a = a$인 $e \in G$가 존재한다.

(3) 각각의 원소 $a \in G$에 대하여 $a * b = b * a = e$인 $b \in G$가 존재한다.

(2)의 e는 군 G의 항등원, (3)의 b는 a의 역원이라 하고 기호로는 $b = a^{-1}$ (또는 $b = -a$)로 표기한다. 군 G의 이항연산 $*$를 강조하기 위해 $(G, *)$로 표시하기도 한다. 정의 2.1의 세 가지 조건을 동시에 만족하는 집합의 예는 무수히 많다. 탐구할 것은 G의 원소의 개수에 따라 '서로 다른' 연산표를 얼마나 많이 만들 수 있는지 여부이다. 목표에 도달하기 위해 군 G가 가져야 할 필수적 성질을 살펴본다. 연산 기호 $*$는 익숙해지기 전까지 사용하고 그 이후에는 생략하기도 한다.

명제 2.2

군 G의 항등원과 역원은 유일하게 존재한다.

증명 e와 e'를 군 G의 항등원이라 하자. 두 원소의 역할을 서로 바꾸면

$$e * e' = e' * e = e', \; e' * e = e * e' = e \;\Rightarrow\; e = e'$$

이다. 한편, a의 역원을 b와 b'이라 하면

$$a * b = e \;\Rightarrow\; b' * (a * b) = b' * e \;\rightarrow\; e * b = b' \;\rightarrow\; b = b'$$

이다. □

명제 2.3 **소약법칙(cancellation law)**

$x, y, z \in G$에 대하여 $x * y = x * z \Rightarrow y = z$이다.

증명 x의 역원 x^{-1}을 조건식의 좌변에 각각 곱하면

$$x^{-1} * (x * y) = x^{-1} * (x * z) \;\Rightarrow\; y = z$$

이다. □

다음 명제는 오일러 정리의 증명과정에서 이용했던 사실을 일반화한 것이다.

명제 2.4

임의의 $a \in G$에 대하여 $aG = \{a * g \mid g \in G\}$라 하면 $aG = G$이다.

증명 $a*g \in aG \Rightarrow a*g \in G \Rightarrow aG \subset G$이다. 역으로 $g \in G \Rightarrow g = a*(a^{-1}*g) \in aG$ 이다. □

행렬의 곱셈 또는 함수의 합성 연산에서 역원과 곱셈의 순서에 대한 성질은 다음과 같이 일반적인 군에서도 성립한다. 즉,

$$(x * y) * (y^{-1} * x^{-1}) = (y^{-1} * x^{-1}) * (x * y) = e \Rightarrow (x * y)^{-1} = y^{-1} * x^{-1}$$

이다.

예제 2.5

임의의 $g \in G$에 대하여 $g^2 = e$이면 임의의 $x, y \in G$에 대하여 $x * y = y * x$이다. 왜냐하면 조건으로부터 $g * g = e \;\Rightarrow\; g^{-1} = g$이므로 $x * y = x^{-1} * y^{-1} = (y * x)^{-1} = y * x$이기 때문이다.

예제 2.6 **대칭차 집합**

$X = \{1, 2\}$의 멱집합 $G = \mathcal{P}(X)$에서 이항연산을 $A \Delta B = (A \cup B) - (A \cap B)$으로 정의하면 (G, Δ)는 군이다. 임의의 $A \in G$에 대하여 $A\Delta\emptyset = \emptyset\Delta A = A\Delta A = \emptyset$이다. 따라서 군 G의 항등원은 $\emptyset$이고 $A^{-1} = A$이다.

대칭차 연산은 연산 순서에 의존하지 않는다. 일반적으로 연산 순서에 의존하지 않고 같은 연산결과가 나오는 군에 이름을 붙이자.

정의 2.7 **가환군(commutative group, Abelian group)**

임의의 $x, y \in G$에 대하여 $x * y = y * x$가 성립할 때 군 G를 **가환군**이라 한다.

정의 2.7의 조건을 만족시키지 못하는 $x, y \in G$가 존재할 때, 군 G를 **비가환**이라 한다.

문제 2.8 **탐구문제**

아핀 집합(affine set) $\mathrm{Aff}(\mathbb{Z}_3) = \{ax + b \mid a \neq 0, b \in \mathbb{Z}_3\}$에 이항연산을 **일차함수의 합성** $\circ$으로 정의할 때, 다음 물음에 답하라.

(1) $|\mathrm{Aff}(\mathbb{Z}_3)| = 6$임을 보이라.

(2) $x + 2$, $2x + 1 \in \mathrm{Aff}(\mathbb{Z}_3)$에 대하여 연산 $(x + 2) \circ (2x + 1)$과 $(2x + 1) \circ (x + 2)$의 결과를 각각 구하라.

(3) $2x + 2 \in \mathrm{Aff}(\mathbb{Z}_3)$의 역원을 구하라.

일반적으로 홀수인 소수 p에 대하여 $\mathrm{Aff}(\mathbb{Z}_p) = \{ax + b \mid a \neq 0, b \in \mathbb{Z}_p\}$는 비가환군이다.

문제 2.9 **탐구문제**

곱집합

$$\mathbb{Z}_3 \times \mathbb{Z}_2 = \{(\overline{m}, \overline{n}) \mid \overline{m} \in \mathbb{Z}_3, \overline{n} \in \mathbb{Z}_2\}$$

의 이항연산을 성분별 덧셈으로 정의하자. 다음 물음에 답하라.

(1) $\mathbb{Z}_3 \times \mathbb{Z}_2$의 원소의 개수를 구하라.

(2) $(\overline{1}, \overline{1})$의 역원을 구하라.

(3) 이 군은 가환인을 증명하라.

풀이 (1) 6개 (2) $(\overline{1}, \overline{1}) + (\overline{2}, \overline{1}) = (\overline{0}, \overline{0})$이므로 역원은 $(\overline{2}, \overline{1})$이다.
(3) $\mathbb{Z}_3$과 $\mathbb{Z}_2$가 모두 가환이므로 이 집합도 가환이다. □

앞으로 특별한 언급이 없다면 문제 2.9와 같이 군 G_1과 G_2의 곱집합 $G_1 \times G_2$의 이항연산은 성분별로 연산하는 것으로 정의한다. 이와 관련된 체계적인 탐구는 5장에서 살펴본다.

2.1.2 이항연산표

군의 위수에 따라 연산표를 찾아본다. $|G| = 1$이면 $G = \{e\}$이다.

예제 2.10

$|G| = 2, 3$인 군 G의 연산표를 각각 찾아보면 소약법칙으로부터 아래와 같은 형태뿐이다.

$*$	e	a
e	e	a
a	a	e

$*$	e	a	b
e	e	a	b
a	a	b	e
b	b	e	a

예제 2.10의 군의 위수가 모두 소수라는 것에 유의하자. 일반적으로 위수가 $|G| = p$ (단, p는 소수)인 군 G의 예로는 $G = (\mathbb{Z}_p, +)$가 있다. 다음으로 위수가 가장 작은 합성수인 $|G| = 4$일 때 연산표를 구성해보자.

문제 2.11 **탐구문제**

$|G| = 4$인 군 G의 연산표로 가능한 것을 모두 찾아라.

풀이 군 $G = \{e, a, b, c\}$ 의 연산표는

$*$	e	a	b	c
e	e	a	b	c
a	a	b	c	e
b	b	c	e	a
c	c	e	a	b

또는

$*$	e	a	b	c
e	e	a	b	c
a	a	e	c	b
b	b	c	e	a
c	c	b	a	e

이다. 각 연산표 모두 주대각선을 기준으로 대칭이므로 두 경우 모두 가환군이다. □

2.1.3 부분군의 뜻과 예

위수(원소의 개수)가 6이상인 군의 연산표를 찾기 위해 필요한 두 가지 개념(부분군과 상집합)을 탐구해본다. 군 G의 부분집합 H가 부분군이라는 것은 H 그 자체로 하나의 군을 이룬다는 뜻이다. 이때 이항연산은 군 G로부터 유도된 것이다.

정의 2.12 부분군(subgroup)

군 $(G, *)$의 부분집합 $H(\neq \emptyset)$가 다음 조건을 만족시키면 H를 G의 **부분군**이라 한다.

(1) 임의의 $a, b \in H$에 대하여 $a * b \in H$이다.

(2) 각각의 $a \in H$에 대하여 a의 군 G에서의 역원이 $a^{-1} \in H$이다.

기호는 $H < G$ (또는 $H \leq G$)으로 '부분집합'보다 더 강조된 기호를 쓰기도 한다. 그리고 집합 H의 결합법칙은 엄마군 G에서 원소 사이의 연산 순서에 대해 기술한 것이므로 별도로 언급할 필요가 없다.

문제 2.13

군 G의 부분군 H의 항등원은 $e \in G$임을 보이라.

풀이 정의 2.12의 조건 (1)과 (2)로부터 $a \in H \Rightarrow a, a^{-1} \in H \Rightarrow e = a * a^{-1} \in H$이다. □

정의 2.12를 간략히 적어보자.

명제 2.14

$H(\neq \emptyset)$가 군 G의 부분군일 필요충분조건은 임의의 $a, b \in H$에 대하여 $a*b^{-1} \in H$가 성립할 때이다.

증명 부분군의 정의로부터 충분조건은 참이다. 역으로 조건을 만족시키면 $H \leq G$임을 보인다. $c = b^{-1}$로 두면 $a,\ c \in H$이므로 $a * c^{-1} = a * ((b^{-1})^{-1}) = a * b \in H$이다. 그리고 $a \in H$이면 $e = a * a^{-1} \in H$이다. $a = e$라 하면 $b \in H \Rightarrow b^{-1} \in H$이다. □

H가 유한집합이면 부분군인지 아닌지 판별하는 방법은 더욱 간단해진다.

명제 2.15

군 G의 유한 부분집합 H와 임의의 원소 $a, b \in H$에 대하여 $a * b \in H$가 성립하면 $H \leq G$이다.

증명 $a \in H$에 대하여 연산에 대하여 닫혀있으므로 $aH \subset H$이다. 그리고 $b, c \in H$에 대하여 a의 역원 a^{-1}가 존재하므로

$$b \neq c \;\Leftrightarrow\; a * b \neq a * c \;\Rightarrow\; |aH| = |H|$$

이다. 그런데 H는 유한집합이므로 $aH = H$이다. 따라서

$$a \in H \;\Rightarrow\; a * x = a, \exists x \in H \;\Rightarrow\; x = e$$

이다. 그러므로 $e \in H \overset{aH=H}{\Rightarrow} a * y = e, \exists y = a^{-1} \in H$이므로 정의 2.12의 조건 (2)를 만족시킨다. □

예제 2.16

군 $(\mathbb{Z}_6, +)$에서 부분집합 $H = \{\overline{0}, \overline{3}\}$에 대하여 $H \leq G$이다. $K = \{\overline{0}, \overline{2}, \overline{4}\}$에 대해서도 연산표를 작성해보면 $K \leq G$임을 확인할 수 있다.

지금까지 살펴본 예시는 대부분 가환군이다. 논의의 범위를 확장하기 위해 더 다양한 예제가 필요하다.

예제 2.17

이차 정사각행렬

$$A = \begin{pmatrix} \cos\frac{2}{3}\pi & -\sin\frac{2}{3}\pi \\ \sin\frac{2}{3}\pi & \cos\frac{2}{3}\pi \end{pmatrix},\ B = \begin{pmatrix} 1 & 0 \\ 0 & -1 \end{pmatrix}$$

에 대하여 집합 $G = \{E, A, A^2, B, AB, A^2B\}$는 군을 이루고 $AB \neq BA$이다. 그리고 $H = \{E, AB\}$와 $K = \{E, A, A^2\}$은 G의 부분군이다.

문제 2.18

집합 $X = \{1, 2, 3\}$에서 정의된 일대일대응의 집합을 G라 하자. 다음 물음에 답하라.

(1) G의 원소의 개수를 구하라.

(2) G의 원소들에 대해 합성함수 연산표를 구성하라.

일반적으로 다음과 같은 군을 생각할 수 있다.

정의 2.19 대칭군(symmetric group)

집합 $X = \{1, 2, 3, \cdots, n\}$에서 정의된 일대일대응의 집합

$$S_n = \{f : X \to X \mid f \circ f^{-1} = f^{-1} \circ f = \mathrm{id}_X\}$$

는 합성연산 $\circ$에 대하여 (비가환)군을 이룬다.

군 S_n을 **대칭군**이라 하고, 대칭군의 원소를 **치환**(**permutation**)이라고 한다. 대칭군 S_n의 이항연산의 결과 및 성질들을 체계적으로 탐구할 수 있는 능력은 대수학 전반에서 필요로 하는 기본기 중 하나이다.

예제 2.20

대칭군 S_n의 원소의 개수는 $n \times (n-1) \times \cdots \times 1 = n!$이다. 특히, 대칭군 S_2에 대한 연산표는 예제 2.10의 그것과 일치한다.

대칭군 S_n의 원소 표현법에 대하여 탐구해 보자. 예를 들어, 대칭군 S_8의 치환 중 $f : \{1,2,3,4,5,6,7,8\} \to \{1,2,3,4,5,6,7,8\}$을 $f(1) = 5$, $f(2) = 2$, $f(3) = 7$, $f(4) = 8$, $f(5) = 3$, $f(6) = 4$, $f(7) = 1$, $f(8) = 6$이라 하자. 간략히 표현하여

$$\begin{pmatrix} 1 & 2 & 3 & 4 & 5 & 6 & 7 & 8 \\ 5 & 2 & 7 & 8 & 3 & 4 & 1 & 6 \end{pmatrix}$$

으로 쓴다. 함숫값들을 연결하여 표현할 때 즉, $1 \mapsto 5$, $5 \mapsto 3$, $3 \mapsto 7$ $7 \mapsto 1$ 그리고 $4 \mapsto 8$, $8 \mapsto 6$, $6 \mapsto 4$를 간략히 $(1537)(486)$으로 쓰고 이를 **순환표현**이라 한다. 특히, 순환표현 중 (1537)과 하나로 묶여 있는 것을 **순환치환**(cyclic permutation)이라 하자. 순환치환의 길이는 (...)에 들어가는 숫자의 개수를 뜻한다. 특히, 순환치환의 길이가 2이면 **호환(transposition)**이라고 한다. 예를 들어, S_4안의 치환 중 (12)는 호환으로 $1 \mapsto 2$, $2 \mapsto 1$, $3 \mapsto 3$, $4 \mapsto 4$인 일대일대응이다. **항등치환**은 항등함수로 대체로 (1)로 표시한다.

예제 2.21

S_4 안의 치환 $\sigma = (134)(23)$에 대해서 $\sigma(1) = 3$, $\sigma(2) = 4$, $\sigma(3) = 2$이다. 그래서 $\sigma(4) = 1$이다. 따라서 $\sigma = (1324)$이다.

문제 2.22

$(12345)(2435)$를 순환치환으로 표시하라.

풀이 준식$= \begin{pmatrix} 1 & 2 & 3 & 4 & 5 \\ 2 & 3 & 4 & 5 & 1 \end{pmatrix} \begin{pmatrix} 1 & 2 & 3 & 4 & 5 \\ 1 & 4 & 5 & 3 & 2 \end{pmatrix} = \begin{pmatrix} 1 & 2 & 3 & 4 & 5 \\ 2 & 5 & 1 & 4 & 3 \end{pmatrix} = (1253)$이다. □

예제 2.23 **치환의 호환 표현법**

순환치환 (72561834)를 호환으로 표시하면 $(74)(73)(78)(71)(76)(75)(72)$이다.

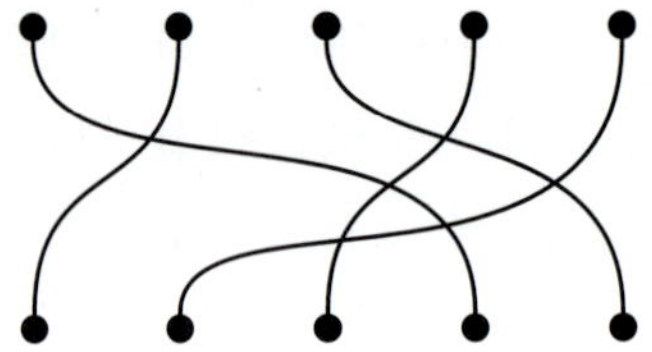

그림 2.1: 교차수

정의 2.24 **치환의 부호(sign)**

주어진 치환 σ를 호환으로 표시했을 때, 호환의 개수가 짝수(홀수)이면 짝(홀)치환(even(odd) permutation)이라 하고 치환 σ의 부호는 $\text{sgn}(\sigma) = 1(-1)$로 정의한다. 단, 항등치환의 부호는 $\text{sgn}((1)) = 1$로 한다.

치환의 부호는 교차수로도 결정할 수 있다. 단, 서로 대응되는 것들 사이의 선분을 그리되 세 개 이상의 선분이 한 점에서 교차하지 않도록 한다. 예를 들어, 치환 $\sigma = (14352)$의 교차수는 그림 2.1과 같이 6개이므로 $\text{sgn}(\sigma) = 1$이다.

문제 2.25 **탐구문제**

대칭군 S_3를 $S_3 = \{(1), (12), (13), (23), (123), (132)\}$로 표시할 때, 다음 연산의 결과를 구하라.

(1) (13)(23)

(2) (23)(132)

(3) (123)(132)

풀이 (1) (132) (2) (12) (3) (1) □

본래의 주제로 돌아가 대칭군 S_3에서의 부분군을 생각해보자.

문제 2.26 **탐구문제**

대칭군 S_3의 모든 부분군을 제시하라.

풀이 부분군 $H \leq S_3$은 곱셈에 대해 닫혀있다는 성질 및 항등원과 역원의 존재성에 초점을 맞추어 구성해보자.

Step 1. $|H| = 1$이면 $H = \{(1)\}$이다. $|H| = 2$일 때 $H = \{e, a\}$라 하면 $a^{-1} = a \Leftrightarrow a^2 = e$이다. 그러므로 가능한 것은 $a = (12), (23), (31)$이다. 각각의 경우가 S_3의 다른 부분집합이므로 모두 세 가지이다.

Step 2. $|H| = 3$. 예제 2.10에서 $H = \{e, a, a^2\}$이고 $a^3 = e$임에 유의하자. 그러므로 연산표를 살펴보면 가능한 것은 $a = (123)$ 또는 (132)이다. 두 경우 모두 같은 집합을 나타내므로 한 가지이다.

Step 3 (도전문제). $|H| \geq 4$면 $H = S_3$임을 증명하자. $(1) \in H$이고 나머지 세 개의 원소를 선택하여 연산한 것도 H의 원소이다. 직접 셈하여 보면 $H = S_3$이다. □

2.1.4 부분군 ⇒ 상집합

집합론 단원에서 논의했던 일반적인 상집합 개념을 이 단원에서는 부분군으로부터 유도할 수 있는 한 동치관계로 생각한다. 그리고 이를 이용하여 군의 특징을 살펴본다.

정의 2.27 **좌잉여류(left coset) 관계**

군 G의 부분군 $H \leq G$와 $a, b \in G$에 대하여

$$a \sim b \iff a^{-1} * b \in H \tag{2.1}$$

를 관계로 정의하자.

문제 2.28 **탐구문제**

관계 (2.1)은 동치관계임을 증명하라. 즉,

(1) $a \sim a$

(2) $a \sim b$이면 $b \sim a$

(3) $a \sim b$이고 $b \sim c$이면 $a \sim c$

가 성립한다.

풀이 (1) $a^{-1} * a = e \in H \Rightarrow a \sim a$이다.

(2) $a \sim b \Rightarrow a^{-1} * b \in H \overset{H:군}{\Rightarrow} (a^{-1} * b)^{-1} \in H \Rightarrow b^{-1} * a \in H \Rightarrow b \sim a$이다.

(3) $a \sim b,\ b \sim c \Rightarrow (a^{-1} * b) * (b^{-1} * c) = a^{-1} * c \in H \Rightarrow a \sim c$이다. □

기호는 집합론의 표기법 대신 부분군 H를 강조하는 표기법을 쓴다. 즉,

$$[g] = gH = \{g * h \mid h \in H\}.$$

기호 도입이 잘 되었는지 확인한다.

문제 2.29 좌잉여류 표현

$[g] = \{k \mid g \sim k\} = gH$ 임을 보이라.

풀이 $g \sim k \Leftrightarrow g^{-1} * k \in H \Leftrightarrow g^{-1} * k = h \in H \Leftrightarrow k = g * h, \exists h \in H$이다. □

이제 상집합의 기본 성질로부터 다음의 정리를 얻는다.

명제 2.30 라그랑주 정리 (Lagrange's theorem)

군 G와 부분군 H에 대하여

$$G = \bigcup_{g \in G} gH$$

가 성립한다. 특히, G가 유한집합이면 $|H| \mid |G|$이다.

증명 첫 번째 등식은 동치관계의 정의로부터 바로 얻을 수 있는 결론이다. $\forall g \in G$에 대하여

$$|gH| = |H|$$

임을 보이면 된다. 실제로 두 집합 사이에 함수를

$$F : gH \to H,\ F(g * h) = h,\ \ S : H \to gH,\ S(h) = g * h$$

로 정의하면, 명백히 $S \circ F$와 $F \circ S$ 모두 항등함수이므로 등식은 성립한다. □

군 G의 위수가 유한이라 하자. 집합의 기초에서도 그러하였듯이 $G/{\sim} = \{gH \mid g \in G\}$에서 얼마나 많은 $g \in G$를 선택해야 하는지, 즉, $G/{\sim}$ 안의 원소가 얼마나 많은지 아는 것은 매우 중요하다. 라그랑주 정리 (명제 2.30)의 증명 과정으로부터 $|G/{\sim}| = \frac{|G|}{|H|}$개 만큼 대표원을 선택하면 된다는 것을 알게 되었다.

정의 2.31 **부분군의 지표 (index)**

(유한)군 G의 동치류 집합 $G/\sim$의 원소의 개수를 강조하여

$$[G:H] = \frac{|G|}{|H|} = |G/\sim|$$

로 표기하고 $[G:H]$를 부분군 H의 **지표** (**혹은 지수**)라 한다.

지표의 정의로부터 $|G| = |H|[G:H]$이다.

부언 2.32

군 $(\mathbb{Z},+)$ 안의 부분군 $3\mathbb{Z}$에 대하여 $|\mathbb{Z}| = |3\mathbb{Z}| = \infty$이지만 $[\mathbb{Z}:3\mathbb{Z}] = 3$이다. 사실은 $\mathbb{Z}/\sim = \{0+3\mathbb{Z}, 1+3\mathbb{Z}, 2+3\mathbb{Z}\}$이다.

실제로 동치류(좌잉여류)에서 어떤 것을 대표원으로 골라야 하는지 다음의 예를 통해 살펴본다. 방법은 항상 같으니 기술적인 부분에 익숙해질 필요가 있다.

예제 2.33

군 $\mathbb{Z}_6$의 부분군 $H = \{\overline{0},\overline{3}\}$에 대하여 상집합 $\mathbb{Z}_6/\sim$의 원소를 모두 나열해보자. 부분군 H로부터 $\mathbb{Z}_6$은 분할된다. 즉,

$$\mathbb{Z}_6 = (\overline{0}+H) \sqcup (a+H) \sqcup (b+H)$$

이다. $a \in \mathbb{Z}_6 \setminus H$이므로 $a = \overline{1}$로 선택하자. 그리고 $b \in \mathbb{Z}_6 \setminus (H \cup (\overline{1}+H))$이므로 $b = \overline{2}$로 선택하자. 따라서 $\mathbb{Z}_6/\sim = \{\overline{0}+H, \overline{1}+H, \overline{2}+H\}$이다.

문제 2.34

대칭군 S_3의 부분군 $H = \{(1),(123),(132)\}$에 대하여 상집합 $S_3/\sim$의 원소를 모두 나열하라.

풀이 여집합 $S_3 \setminus H$의 원소로 (12)를 선택하자. 그러면 $G/\sim = \{H, (12)H\}$이다. □

2.1.5 순환군과 원소의 위수

라그랑주 정리로부터 위수가 소수인 군을 원소나열법으로 쓸 수 있다.

명제 2.35

군 G의 위수가 $|G| = p$ (소수)이면 어떤 원소 $a \in G$에 대하여

$$G = \{e = a^0, a, a^2, \cdots, a^{p-1}\}$$

와 같이 쓸 수 있다. 단, $a^i \neq e, \forall i < p$이다.

증명 군 G의 원소 $a(\neq e)$에 대하여 a의 거듭제곱들로 이루어진 부분집합을

$$H = \{e, a, a^2, a^3, \cdots, a^{m-1}\}$$

이라 하자. 단, $0 \leq k \leq m-1$이면 $a^k \neq e$이고 $a^m = e$라 하자. 그러면 $|H| = m$이다. 왜냐하면 $a^i = a^j$, $0 \leq i < j \leq m-1$이면 $a^{i-j} = e$, $0 \leq i-j < m$으로 모순이기 때문이다. 뿐만 아니라 H가 부분군을 이루는 것은 정수의 나머지 정리를 이용하여 확인할 수 있다. 따라서 라그랑주 정리로부터 $m = |H| \mid |G| = p \Rightarrow m = 1, p$이다. 만약 $m = 1$이면 가정$(a \neq e)$에 모순이다. 따라서 $|H| = |G| = p$이므로 $H = G$이다. □

명제 2.35로부터 $|G| = p$이면 이항연산 방법과 상관없이 G의 원소나열법은 한 가지 형태뿐이라는 것을 말해주고 있다. 실제로, 이러한 조건을 만족하는 예는 $(\mathbb{Z}_p, +)$이다.

명제 2.35의 증명과정에서 구성했던 부분집합 H에 대하여 일반적으로 다음과 같이 개념과 용어를 도입하여 말할 수 있다.

정의 2.36 순환군 (cyclic group)

군 G의 원소 $a \in G$에 대하여

$$\langle a \rangle = \{a^k \mid k \in \mathbb{Z}\}$$

를 G의 **순환 부분군**이라 한다. 만약 $G = \langle a \rangle$이면 군 $\langle a \rangle$를 a로부터 **생성되는 순환군**이라 한다. 그리고, $\langle a \rangle$의 원소의 개수(농도)를 $|\langle a \rangle| = \mathrm{ord}(a)$로 표기하고 원소 a에 대한 **위수**라 하고 a를 $\langle a \rangle$의 **생성원 (generator)**이라 한다.

즉, $\text{ord}(a)$는 a를 양의 거듭제곱 했을 때 처음으로 항등원 e가 되는 자연수이다. $\text{ord}(a)$가 유한값이 아닐 때 $\langle a\rangle$를 **무한 순환군**이라 한다.

예제 2.37

순환치환 $\sigma = (12345678) \in S_8$의 위수는 $\text{ord}(\sigma) = 8$이다. 그리고 치환 $\tau = (13)(45)$의 위수는 $\text{ord}(\tau) = 2$이다.

예제 2.38

군 $\mathbb{Z}_m$의 원소 $\overline{1}$에 대하여 $\text{ord}(\overline{1}) = m$이다.

문제 2.39 **탐구문제**

서로소인 두 정수 m, n에 대하여 등식 $\mathbb{Z}_m \times \mathbb{Z}_n = \langle(\overline{x}, \overline{y})\rangle$, x, $y \in \mathbb{Z}$ 가 성립하면 x (y)와 m (n)은 서로소임을 보이고, 순서쌍 (x, y)의 예를 제시하라.

풀이 순서쌍 표기와 혼동이 있을 수 있으므로 두 정수 x, y의 최대공약수를 $\gcd(x, y)$로 표기한다. $|\mathbb{Z}_m \times \mathbb{Z}_n| = mn$이므로 $\text{ord}((\overline{x}, \overline{y})) = mn$이다. 만약 $\gcd(x, m) \neq 1$이면

$$\begin{aligned}\frac{mn}{\gcd(x,m)}(\overline{x}, \overline{y}) &= (\frac{mn}{\gcd(x,m)} \cdot \overline{x}, \frac{mn}{\gcd(x,m)} \cdot \overline{y}) \\ &= (n\,\overline{m \cdot \frac{x}{\gcd(x,m)}}, \frac{m}{\gcd(x,m)}\overline{n \cdot y}) = (\overline{0}, \overline{0})\end{aligned}$$

인데 $\frac{mn}{\gcd(x,m)} < mn$이므로 모순이다. 그리고 $\gcd(y, n) \neq 1$일 때도 같은 이유로 모순이다. 따라서 찾고자 하는 원소는 $\gcd(x, m) = \gcd(y, n) = 1$일 때만 가능하다. 예를 들어, $(\overline{x}, \overline{y}) = (\overline{1}, \overline{1})$이다. 실제로 $1 \leq \text{ord}((\overline{1}, \overline{1})) = k \leq mn$이라 하면 $k(\overline{1}, \overline{1}) = (\overline{k}, \overline{k}) = (\overline{0}, \overline{0}) \Rightarrow m \mid k$, $n \mid k$이다. 그런데 $\gcd(m, n) = 1$이므로 $mn \mid k$이다. 따라서 $\text{ord}((\overline{1}, \overline{1})) = mn$이다. □

예제 2.40

위수가 $|G| = 6$인 비가환군 G의 가능한 연산표를 구성해 보자.

Step 1. $a \neq e$, $a \in G$, $\text{ord}(a) = 6 \Rightarrow \langle a\rangle = G$이므로 G는 순환군이므로 가환이라 논의에서 제외된다.

Step 2. G가 순환군은 아니므로 임의의 $a(\neq e) \in G$에 대하여 $\mathrm{ord}(a) = 2$ 또는 3이다.

Step 2-0. 모든 원소 $a(\neq e) \in G$에 대하여 $\mathrm{ord}(a) = 2$라고 하면 예제 2.5로부터 G는 가환군이다.

Step 2-1. 모든 원소 $a(\neq e) \in G$에 대하여 $\mathrm{ord}(a) = 3$이라 하자. 분할

$$G = \langle a\rangle \sqcup b\langle a\rangle = \{e, a, a^2, b, ba, ba^2\}$$

에 대하여 b^2a의 값이 될 수 있는 가능성을 모두 체크하면 위수 조건$(\mathrm{ord}(b) = 3)$에 모순이거나 G가 가환군이 된다.

이상으로 군 G에는 $\mathrm{ord}(a) = 2$, $\mathrm{ord}(b) = 3$인 원소가 적어도 하나씩 존재한다.

Step 3. $H = \langle b\rangle$이면 상집합의 정의로부터 $|G/\sim| = 2$이다. 뿐만 아니라, $a \in G \setminus \langle b\rangle$ ($\because$ 만약 $a \in \langle b\rangle$이면 $a = e$ 또는 $\mathrm{ord}(a) = 3$이 되어 모순)이므로

$$G = \langle b\rangle \sqcup a\langle b\rangle = \{e, b, b^2, a, ab, ab^2\}$$

꼴로 분할할 수 있다. ba의 값으로 가능한 것을 조사하면 $ba = ab^2$만이 가능하고 대칭군 S_3과 같은 연산표를 얻는다.

	e	b	b^2	a	ab	ab^2
e	e	b	b^2	a	ab	ab^2
b	b	b^2	e	ab^2	a	ab
b^2	b^2	e	b	ab		
a	a	ab		e		
ab	ab	ab^2				
ab^2	ab^2	a				

예제 2.40의 풀이에서 사용된 성질들을 일반화하여 명제로 만들어보자.

명제 2.41 위수의 성질

임의의 군 G의 위수가 유한인 두 원소 a, b에 대하여

(1) $\mathrm{ord}(a) = \mathrm{ord}(g^{-1}ag) = \mathrm{ord}(gag^{-1})$이다. 특히, $\mathrm{ord}(ab) = \mathrm{ord}(ba)$이다.

(2) 정수 k에 대하여 $\operatorname{ord}(a^k) = \frac{\operatorname{ord}(a)}{(k,\operatorname{ord}(a))}$이다. 특히, $(\operatorname{ord}(a), m) = 1$이면 $\operatorname{ord}(a^m) = \operatorname{ord}(a)$이다.

증명 일반적으로 위수가 $\operatorname{ord}(a)$인 원소 a가 $a^m = e$이면 $\operatorname{ord}(a)|m$이다(연습문제 2.1.8).
(1) $(g^{-1}ag)^{\operatorname{ord}(a)} = g^{-1}a^{\operatorname{ord}(a)}g = e \Rightarrow \operatorname{ord}(g^{-1}ag)|\operatorname{ord}(a)$이다.
역으로 $e = (g^{-1}ag)^{\operatorname{ord}(g^{-1}ag)} = g^{-1}a^{\operatorname{ord}(g^{-1}ag)}g \Rightarrow e = a^{\operatorname{ord}(g^{-1}ag)}$이므로 $\operatorname{ord}(a) \mid \operatorname{ord}(g^{-1}ag)$이다. $\operatorname{ord}(ab) = \operatorname{ord}(a^{-1}(ab)a) = \operatorname{ord}(ba)$이다.
(2) $(a^k)^{\frac{\operatorname{ord}(a)}{(k,\operatorname{ord}(a))}} = (a^{\operatorname{ord}(a)})^{\frac{k}{(k,\operatorname{ord}(a))}} = e$이므로 $\operatorname{ord}(a^k) \mid \frac{\operatorname{ord}(a)}{(k,\operatorname{ord}(a))}$이다. 역으로

$$(a^k)^{\operatorname{ord}(a^k)} = e \ \Rightarrow \ \operatorname{ord}(a) \mid k \cdot \operatorname{ord}(a^k) \ \Rightarrow \ \frac{\operatorname{ord}(a)}{(k,\operatorname{ord}(a))} \mid \frac{k}{(k,\operatorname{ord}(a))} \cdot \operatorname{ord}(a^k)$$
$$\overset{(\frac{\operatorname{ord}(a)}{(k,\operatorname{ord}(a))},\frac{k}{(k,\operatorname{ord}(a))})=1}{\Rightarrow} \frac{\operatorname{ord}(a)}{(k,\operatorname{ord}(a))} \mid \operatorname{ord}(a^k)$$

이다. □

문제 2.42

군 $(\mathbb{Z}_{10}, +)$에 대하여 등식 $\mathbb{Z}_{10} = \langle \overline{x} \rangle$을 성립시키는 $\overline{x} \in \mathbb{Z}_{10}$을 모두 찾아라.

풀이 명제 2.41의 기호와 혼동이 있을 수 있어 $G = \{e, a, a^2, \cdots, a^9\}$, $a^{10} = e$와 같이 표기하자. 그러면 $\operatorname{ord}(a^k) = 10 \Leftrightarrow (k, 10) = 1$이다. 즉, $a^k \in \{a^1, a^3, a^7, a^9\}$이다. $\mathbb{Z}_{10}$에서는 $\overline{x} \in \{\overline{1}, \overline{3}, \overline{7}, \overline{9}\}$이다. □

문제 2.43 **탐구문제**

다음 물음에 답하라.

(1) $(\mathbb{Z}_9, +)$안의 원소 중 위수가 3인 것을 모두 찾아라.

(2) $(\mathbb{Z}_{2020}, +)$에서 위수가 20인 원소를 모두 찾아라.

풀이 (1) $\overline{k} \in \mathbb{Z}_9$에 대하여 $\overline{k} = k \cdot \overline{1}$이므로 $\operatorname{ord}(\overline{k}) = \frac{9}{(9,k)} = 3$이다. 따라서 $(9, k) = 3$이다. 즉, $k = 3, 6$이다.
(2) $\mathbb{Z}_{2020}$에서 $\operatorname{ord}(\overline{k}) = \frac{2020}{(2020,k)} = 20$이다. 따라서 $(2020, k) = 101$이다. 즉, $k = 101q$, $(q, 20) = 1$, $101 \leq k \leq 2020 \Rightarrow 1 \leq q \leq 20$이다. 그러므로 찾고자 하는 것은 $q = 1$, 3,

7, 9, 11, 13, 17, 19이다. 즉, $k = 101, \cdots, 19 \times 101$이다. □

한편, 문제 2.43로부터 제안해 볼 수 있는 존재성 질문이 있다.

$|G|$의 약수를 위수로 하는 (순환) 부분군이 항상 존재하는가?

2.1.6 연습문제

2.1.1. (1994) 다음 명제의 진위를 판정하고 이유를 설명하라.

"모든 군에서 교환법칙이 성립한다."

2.1.2. 곱집합 $G = \mathbb{Z} \times \mathbb{Z}$에 이항연산을

$$(x_1, y_1) * (x_2, y_2) = (x_1 + (-1)^{y_1} x_2, y_1 + y_2)$$

로 정의하자.

(1) 결합법칙을 확인하고 항등원과 역원을 구하여 G가 군임을 증명하라.

(2) 군 G는 가환이 아님(비가환군)을 보이라.

2.1.3. 군 $\mathrm{Aff}(\mathbb{Z}_3)$의 연산표는 다음과 같다. 빈칸을 완성하라.

$\circ$	x	$x+1$	$x+2$	$2x$	$2x+1$	$2x+2$
x	x	$x+1$	$x+2$	$2x$	$2x+1$	$2x+2$
$x+1$	$x+1$	$x+2$	$2x+1$	$2x+2$		
$x+2$	$x+2$	x	$x+1$	(가)		
$2x$	$2x$		(나)		$x+2$	(다)
$2x+1$	$2x+1$		$2x+2$		(라)	
$2x+2$	$2x+2$	(마)				x

2.1.4. (1993) 집합 $G = \{\emptyset, \{1\}, \{2\}, \{1,2\}\}$의 연산 Δ (예제 2.6)에 대한 $\{1\}$의 역원을 구하라.

2.1.5. 군 G의 임의의 원소 $a, b \in G$에 대하여 $(a*b)^{-1} = a^{-1}*b^{-1}$이 성립하면 $a*b = b*a$임을 보이라.

2.1.6. 대칭군 S_4안의 두 원소 $\sigma = (12)$, $\tau = (1234)$에 대하여 다음 물음에 답하라.

(1) 등식 $\tau^2\theta = (12)$을 만족시키는 치환 $\theta \in S_4$를 구하라.

(2) 등식 $\tau\sigma\eta = \sigma^3$을 만족시키는 치환 $\eta \in S_4$를 구하라.

2.1.7. 치환 $\sigma \in S_n$에 대하여

$$x_\sigma = \sigma(1) + \cfrac{1}{\sigma(2) + \frac{1}{\sigma(3) + \cdots + \frac{1}{\sigma(n)}}}$$

로 정의하자. 집합 $X = \{x_\sigma \mid \sigma \in S_3\}$을 원소나열법으로 제시하라.

2.1.8. 자연수 m에 대하여 $a^m = e$이면 $\mathrm{ord}(a) \mid m$임을 보이라.

2.1.9. (2009) a를 항등원으로 갖는 군 $G = \{a, b, c, d\}$에 대하여 $b^2 = c$이면 G는 순환군임을 보이라.

2.1.10. (탐구문제) 대칭군 S_3의 모든 원소에 대한 연산 결과표는 아래와 같다. (가)-(바)에 알맞은 연산결과를 넣어라.

	(1)	(12)	(13)	(23)	(123)	(132)
(1)	(1)	(12)	(13)	(23)	(123)	(132)
(12)	(12)	(1)	(132)	(가)	(23)	(13)
(13)	(13)	(123)	(1)	(132)	(12)	(23)
(23)	(23)	(132)	(123)	(1)	(나)	(다)
(123)	(123)	(13)	(23)	(12)	(라)	(마)
(132)	(132)	(바)	(12)	(13)	(1)	(123)

2.1.11. (1992, 탐구문제) 집합 $G = \{i, a, b, c\}$가 곱셈에 관하여 군을 이룰 때, 다음 설명 중 옳지 않은 것은? 단, $i = \sqrt{-1}$는 허수 단위이다.

(1) $a^2+b^2+c^2=1$.

(2) G는 곱셈에 관하여 가환군을 이룬다.

(3) G의 적당한 부분집합 H에 대하여 H가 덧셈군을 이룬다.

(4) G의 적당한 진부분집합 H에 대하여 H가 곱셈군을 이룬다.

2.1.12. 다음 물음에 답하라.

(1) 원소 $\sigma=(23)(45)(67)\in S_8$의 σ의 위수를 구하라.

(2) 길이가 4인 순환치환 $\sigma\in S_5$의 위수는 $\mathrm{ord}(\sigma)=4$임을 보이라.

2.1.13. 대칭군 S_3의 부분군 $H=\{(1),(12)\}$에 대한 상집합 $S_3/\sim$의 원소를 모두 제시하라.

2.1.14. (2009) 소수 p에 대해 위수가 p인 군 G은 $p-1$개의 생성원이 있음을 증명하라.

2.1.15. 복소수 $e^{\frac{2\pi i}{3}}=-\frac{1}{2}+\frac{\sqrt{3}}{2}i$로부터 생성되는 순환군의 위수를 구하라.

2.1.16. 오직 하나의 생성원이 있는 순환군 G의 위수는 $|G|\le 2$임을 보이라.

2.1.17. 정수군 $\mathbb{Z}$의 부분군 $8\mathbb{Z}$에 대하여 지표 $[\mathbb{Z}:8\mathbb{Z}]$의 값을 구하라.

2.1.18. p와 q가 서로 다른 소수일 때 순환군 $\mathbb{Z}_{pq}$의 생성원의 개수를 구하라.

2.1.19. 임의의 자연수 $n\ge 3$에 대하여 대칭군 S_n은 가환군이 아님을 보이라.

2.1.20. 순환군 $\mathbb{Z}_{500}$ 안의 위수 5인 원소를 모두 찾아라.

2.1.21. 다음 물음에 답하라.

(1) (1991) 치환 $\begin{pmatrix}1&2&3&4&5&6&7&8\\4&2&5&1&7&6&8&3\end{pmatrix}$의 위수를 구하라.

(2) (1994) 5는 군 $\mathbb{Z}_{12}$의 생성원임을 보이라.

(3) (2012) 위수가 360인 순환군의 생성원은 모두 96개임을 보이라.

2.1.22. 군 G의 원소 a의 위수가 $\mathrm{ord}(a) = 12$이라 하자. 다음 물음에 답하라.

(1) $a^{8k} = e$가 되는 최소의 양의 정수 k를 구하라.

(2) $\mathrm{ord}(a^n) = 12$가 되는 자연수 n을 찾아라. 단, $n \leq 12$이다.

2.1.23. 유한군 G의 부분군 H, K에 대하여 $|H| = p$이고 $|K| = q$이면 $H \cap K = \{e\}$임을 증명하라. 단, p, q는 서로 다른 소수이다.

2.1.24. (탐구문제) 5명의 학생이 각자 벗은 모자를 다시 착용할 때, 2명만이 본인의 모자를 착용하고 나머지 3명은 타인의 모자를 착용하는 경우의 수를 치환을 이용하여 설명하라.

2.1.25. (2009) 유한군에 대한 다음 명제의 진위를 판정하고 이유를 설명하라.

"대칭군 S_3는 위수가 2인 세 개의 부분군을 갖는다."

2.1.26. 유한 가환군 G의 부분집합 $H = \{g \in G \mid \mathrm{ord}(g) \leq 2\}$는 군 G의 부분군임을 보이라.

2.2 군의 작용과 코시 정리

군 G의 원소 a에 대하여 $\langle a \rangle \leq G$이므로 라그랑주 정리로부터 $\mathrm{ord}(a) = |\langle a \rangle| \mid |G|$이다. 즉, 순환 부분군의 원소의 개수는 항상 군의 위수의 약수이다. 이 단원에서는 이 명제의 역인 군의 위수의 약수를 위수로 갖는 부분군의 **존재성**에 대해 논의한다. 이를 위해 군의 작용과 관련된 기본적인 성질을 살펴본다. 단원의 핵심적 목표는 코시 정리(정리 2.52)의 증명이다.

2.2.1 군의 작용과 성질

군론의 역사적 발전과정을 되돌아 보면 군의 분류를 위해 가장 중요하게 논의 되었던 것은 군이 특정집합을 '바꿈'할 때의 그 역할이었다. 좌표공간 $\mathbb{R}^3$의 $xy-$평면 대칭변환을 σ, z축을 회전축으로하여 반시계방향으로 $180°$만큼 회전시키는 변환을 τ라 하자. 두 변환은 일차변환이므로 행렬표현이 가능하다. 이를 이용하여 σ, τ로 구성된 위수 4인 군 $G = \{e, \sigma, \tau, \sigma \circ \tau\}$를 생각할 수 있다. 단, e는 항등변환(행렬)이고 연산 $\circ$는 일차변환의 합성이다. 군 G의 원소들이 단위구 $X = \{(x, y, z) \mid x^2 + y^2 + z^2 = 1\}$에 주는 영향을 살펴보자. 즉, $\vec{v} \in X$에 대하여 모임

$$G \cdot \vec{v} = \{e(\vec{v}), \sigma(\vec{v}), \tau(\vec{v}), \sigma(\tau(\vec{v}))\}$$

의 원소의 개수는 몇 개인가? 예를 들어, $\vec{v} = \frac{1}{\sqrt{3}}(1, 1, 1)$이면 $|G \cdot \vec{v}| = 4$이지만 $\vec{w} = (1, 0, 0)$이면 $|G \cdot \vec{w}| = 2$이다. 한편, 군 G의 원소 중 벡터 $\vec{w}$를 바꾸지 못하는 것은 $\{e, \sigma\}$이다.

문제 2.44 탐구문제(중복순열)

문자 a, a, w, e, k를 일렬로 나열하여 만든 모든 단어의 집합을 X라 하고, 대칭군 S_5는 X의 원소의 순번을 바꾸는 역할을 한다고 하자. 예를 들어, $\mathrm{aweka} \in X$이고 $(13245) \cdot \mathrm{aweka} = \mathrm{aeawk}$이다. 다음 물음에 답하라.

(1) $|X|$의 값을 구하라.

(2) $\{\sigma \cdot \mathrm{wekaa} \mid \sigma \in S_5\} = X$임을 설명하라.

(3) wekaa를 바꾸지 못하는 대칭군 S_5 안의 모든 원소를 말하라.

위의 예제들을 일반적인 용어로 말해본다.

정의 2.45 **군의 작용(group action)**

군 $(G, *)$와 집합 X에 대하여 함수

$$G \times X \to X,\ (g, x) \mapsto g \cdot x$$

가 조건

(1) $e \cdot x = x$와

(2) $g_1 \cdot (g_2 \cdot x) = (g_1 * g_2) \cdot x,\ \forall g_1, g_2 \in G$

를 만족시킬 때 군 G가 집합 X에 **작용한다**고 한다. 간단히 X를 **G-집합**이라고 한다.

정의 2.45의 조건 (1)은 항등원이 갖추어야 할 정직한 조건이다. 정의 2.45의 조건 (2)는 작용을 순차적으로 두 번하는 것은 군의 연산을 먼저 한 후 작용시키는 것과 그 결과가 같아야 한다는 뜻이다. 한편, 군 G의 작용을 집합 X를 '바꿈' 한다는 것을 강조하기 위해 군 G에서 대칭군 $S_{|X|}(X)$로의 연산이 보존되는 함수 $G \to S_{|X|}(X),\ g \mapsto [x \mapsto g \cdot x]$로 정의하기도 한다.

예제 2.46 **켤레류 작용**

군 $(G, *)$에 대하여 집합 $X = G$라 하고 함수를

$$G \times G \to G,\ (g, x) \mapsto g * x * g^{-1} = g \cdot x$$

라 하자. 그러면 G는 G-집합이다. 왜냐하면

$$\begin{aligned} e \cdot x &= e * x * e^{-1} = x, \\ (g_1 * g_2) \cdot x &= (g_1 * g_2) * x * (g_1 * g_2)^{-1} \\ &= g_1 * (g_2 * x * g_2^{-1}) * g_1^{-1} \\ &= g_1 \cdot (g_2 * x * g_2^{-1}) \\ &= g_1 \cdot (g_2 \cdot x) \end{aligned}$$

이기 때문이다.

일반적으로 X의 부분집합 $G \cdot x = \{g \cdot x \mid g \in G\}$을 $x \in X$의 G-**궤도**(orbit)라 한다. 그리고 군 G의 부분집합 $G_x = \{g \in G \mid g \cdot x = x\}$을 x의 **안정자**(stabilizer) **부분집합**(군)이라 한다. 궤도는 집합 X 안의 원소가 G로부터 어떻게 바뀌는지를 말하고 있다. 안정자 부분집합은 G안의 원소 중 X의 원소를 바꾸지 못하는 것들의 모임이다.

도움정리 2.47

안정자 부분집합 G_x는 군 G의 부분군이다.

증명 $g_1, g_2 \in G_x \overset{g_1 \cdot x = x = g_2 \cdot x}{\Rightarrow} (g_1 * g_2) \cdot x = g_1 \cdot (g_2 \cdot x) = g_1 \cdot x = x \Rightarrow g_1 * g_2 \in G_x$ 이다. 군의 작용의 조건 (1)로부터 $e \in G_x$이다. 끝으로

$$g \in G_x \Rightarrow x = e \cdot x = (g^{-1} * g) \cdot x = g^{-1} \cdot (g \cdot x) = g^{-1} \cdot x \Rightarrow g^{-1} \in G_x$$

이다. □

지금부터 안정자 부분집합 G_x를 **안정자 부분군**이라고 부르자.

정의 2.48 켤레류(conjugacy class)

예제 2.46의 x의 G-궤도 $G \cdot x = \{g * x * g^{-1} \mid g \in G\}$를 x의 (오른쪽) **켤레류**라고 한다. 그리고 안정자 부분군 $G_x = \{g \in G \mid g * x * g^{-1} = x\}$를 x의 **중심**(center)이라 한다.

이 교재에서 가장 중요한 두 가지 도움정리 중 첫 번째는 다음과 같다.

도움정리 2.49 궤도-안정자 정리

유한군 G에 대하여 집합 X를 G-집합이라 하자. 원소 $x \in X$의 안정자 부분군 G_x에 대한 좌잉여류 상집합 $G/\sim$에 대하여

$$|G \cdot x| = |G/\sim|(= [G : G_x])$$

이다. 따라서 $|G| = |G \cdot x||G_x|$이다(라그랑주 정리).

증명 상집합 $G/\sim$과 궤도 $G \cdot x$ 사이의 일대일대응을 구성하자.

$$S : G/\sim \to G \cdot x, \; gG_x = [g] \mapsto g \cdot x$$

라 하고, 역 대응을 $T : G \cdot x \to G/\sim$, $g \cdot x \mapsto gG_x = [g]$ 이라 하자. 그러면 대응 S와 T는 함수이다. 왜냐하면

$$g_1 G_x = g_2 G_x \Leftrightarrow g_1 \sim g_2 \Leftrightarrow (g_1)^{-1} * g_2 \in G_x \Leftrightarrow ((g_1)^{-1} * g_2) \cdot x = x \Leftrightarrow g_1 \cdot x = g_2 \cdot x$$

에서 오른쪽으로부터 처음과 마지막은 $g_1 G_x = g_2 G_x \Rightarrow S(g_1 G_x) = S(g_2 G_x)$이고, 왼쪽 방향은 $g_1 \cdot x = g_2 \cdot x \Rightarrow T(g_1 \cdot x) = T(g_2 \cdot x)$이기 때문이다. 한편, 정의로부터 합성함수 $S \circ T$와 $T \circ S$는 모두 항등함수이다. □

궤도 집합으로 집합 X를 분할해보자. 이를 위해 궤도 사이의 관계를 주자. 즉, 임의의 $x, y \in X$에 대하여 관계를

$$x \sim y \iff G \cdot x = G \cdot y \tag{2.2}$$

로 정의하면 **동치관계**이다. 이 교재에서 가장 중요한 두 가지 도움정리 중 두 번째는 다음과 같다.

도움정리 2.50 궤도분할 정리

집합 X가 G-집합이고 집합 X 위의 동치관계가 (2.2)이면 $X = \bigcup_{x \in X} [x] = \bigcup_{x \in X} G \cdot x$로 분할된다. 따라서 X가 유한집합이면 $|X| = \sum_{x_i \in X} |G \cdot x_i|$이다.

증명 동치류 표현방법에 대한 등식 $[x] = G \cdot x$를 증명하자(문제 2.29와 비교).

$$y \in [x] \Rightarrow G \cdot y = G \cdot x \Rightarrow e \cdot y = y = g \cdot x, \exists g \in G \Rightarrow [x] \subset G \cdot x$$

이다. 역으로

$$\begin{aligned} g \cdot x \in G \cdot x &\Rightarrow G \cdot (g \cdot x) = \{h \cdot (g \cdot x) \mid \forall h \in G\} = \{k \cdot x | \forall k \in G\} = G \cdot x \\ &\Rightarrow g \cdot x \sim x \Rightarrow g \cdot x \in [x] \Rightarrow G \cdot x \subset [x] \end{aligned}$$

이다. □

따름정리 2.51

집합 X가 G-집합이고 $x, y \in X$일 때

$$G \cdot x \cap G \cdot y \neq \emptyset \Rightarrow G \cdot x = G \cdot y$$

이다. 따라서 $G \cdot x \cap G \cdot y = \emptyset$ 또는 $G \cdot x = G \cdot y$이다.

증명 $z \in G{\cdot}x \cap G{\cdot}y \Rightarrow z = g{\cdot}x = g'{\cdot}y \Rightarrow ((g')^{-1} * g){\cdot}x = y \Rightarrow y \in G{\cdot}x \Rightarrow G{\cdot}y \subset G{\cdot}x$이다. 역의 포함관계는 $x = (g^{-1} * g') \cdot y \Rightarrow x \in G \cdot y \Rightarrow G \cdot x \subset G \cdot y$이다. □

궤도-안정자 정리(도움정리 2.49)와 궤도분할 정리(도움정리 2.50)는 집합 X와 군 G의 형태에 따라 매우 다양하게 활용할 수 있다.

2.2.2 코시의 정리

이 단원에서는 코시의 정리를 증명하고 비슷한 증명방법을 사용하는 명제들을 살펴본다.

정리 2.52 코시의 정리(Cauchy's theorem)

$p \mid |G|$인 임의의 소수 p에 대하여 $\text{ord}(a) = p$가 되는 원소 $a \in G$가 적어도 하나 존재한다.

증명 Step 0. p개의 G의 곱집합 $G^{\times p} = G \times G \times \cdots \times G$의 부분집합을

$$X = \{(a_1, a_2, \cdots, a_p) \mid a_1 * a_2 * \cdots * a_p = e\}$$

로 정의하자. 조건식으로부터 X의 원소의 마지막 좌표값이 $a_p = (a_1 * a_2 * \cdots a_p)^{-1}$이다. 따라서 a_1, $a_2, \cdots, a_{p-1}$을 G에서 임의로 선택하면 a_p가 결정되므로 $|X| = |G|^{p-1}$이다. 집합 X의 원소 중 정리를 만족시키는 대각 원소 $(a, a, \cdots, a)$, $a \neq e$를 찾아보자.

Step 1. 곱집합 $G^{\times p}$의 순서쌍의 성분을 (왼쪽) 평행이동 시키는 변환들의 군

$$H = \langle \sigma \mid \sigma(x_1, x_2, \cdots, x_p) = (x_2, x_3, \cdots, x_p, x_1) \rangle$$

라 하자. 이때 H의 이항연산은 함수의 합성이고 H의 위수는 $|H| = p$이다. 함수

$$\begin{aligned} &H \times X \to G^{\times p}, \\ &(\sigma^i, (a_1, a_2, \cdots, a_p)) \mapsto (a_{i+1}, a_{i+2}, \cdots, a_p, a_1, a_2, \cdots, a_i) := \sigma^i \cdot (a_1, a_2, \cdots, a_p). \end{aligned} \tag{2.3}$$

는 X로의 함수이다. 왜냐하면 $2 \le i \le p$에 대하여

$$(a_1 * a_2 * \cdots a_i) * (a_{i+1} * \cdots * a_p) = e \overset{x*y=e \Rightarrow y*x=e}{\Rightarrow} (a_{i+1} * \cdots * a_p) * (a_1 * a_1 * \cdots * a_i) = e$$

이기 때문이다.

Step 2. 대응 (2.3)은 군 작용이다. 즉,

$$\sigma^0 \cdot (a_1, a_2, \cdots, a_p) = (a_1, a_2, \cdots, a_p),$$

$$\begin{aligned} \sigma^i \cdot (\sigma^j \cdot (a_1, a_2, \cdots, a_p)) &= \sigma^i \cdot (a_{j+1}, a_{j+2}, \cdots, a_p, a_1, a_2, \cdots, a_j) \\ &= (a_{j+i+1}, a_{j+i+2}, \cdots, a_p, a_1, a_2, \cdots, a_{j+i}) \\ &= (\sigma^{j+i}) \cdot (a_1, a_2, \cdots, a_p) \\ &= (\sigma^i \circ \sigma^j) \cdot (a_1, a_2, \cdots, a_p) \end{aligned}$$

이다. $i + j \ge p$일 때는 $\sigma^{j+i} = \sigma^r$, $(j + i = pq + r,\ 0 \le r \le p - 1)$임에 유의하라.

Step 3. $\vec{x} = (a_1, a_2, \cdots, a_p) \in X$로 줄여서 표시하자. 궤도분할 정리(도움정리 2.50)로부터 등식

$$|X| = |H \cdot \vec{x}_1| + |H \cdot \vec{x}_2| + \cdots + |H \cdot \vec{x}_m| \tag{2.4}$$

이 성립한다. 그리고 궤도-안정자 정리(도움정리 2.49)로부터 $p = |H| = |H \cdot \vec{x}_j||H_{\vec{x}_j}|$이므로 $|H \cdot \vec{x}_j| = 1$ 또는 p이다. 그런데 $H \cdot (e, e, \cdots, e) = \{(e, e, \cdots, e)\}$이므로

$$|H \cdot \vec{x}_j| = \begin{cases} 1, & 1 \le j \le k, \\ p, & k + 1 \le j \le m \end{cases}$$

과 같이 분류할 수 있다. 그러면 등식 (2.4)는

$$|X| = |C_H(X)| + |H \cdot \vec{x}_{k+1}| + |H \cdot \vec{x}_{k+2}| + \cdots + |H \cdot \vec{x}_m|$$

과 같이 두 집단으로 나누어 쓸 수 있다. 단, $C_H(X) = \{\vec{x}_1, \vec{x}_2, \cdots, \vec{x}_k\}$이다. 따라서

$$\begin{aligned} |X| = |C_H(X)| + (m-k)p \ &\Rightarrow \ |G|^{p-1} - (m-k)p = |C_H(X)| \\ &\Rightarrow \ p \mid |C_H(X)| \end{aligned}$$

이다. 특히, $p \le k = |C_H(X)|$이다.

Step 4. 집합 $\vec{x} \in C_H(X)$ 안의 각 원소의 궤도는 $H \cdot \vec{x} = \{\vec{x}\}$이다. $\vec{x} \ne (e, e, \cdots, e)$라 할 때

$$\sigma \cdot \vec{x} = \vec{x} \Rightarrow (a_2, a_3, a_4, \cdots, a_p, a_1) = (a_1, a_2, \cdots, a_p) \Rightarrow a_1 = a_2 = \cdots = a_p$$

이므로 집합 X의 정의로부터 $a_1 * a_2 * a_3 * \cdots a_p = a_1^p = e$이다. □

궤도-안정자 정리와 궤도 분할 정리를 사용하여 궤도집합의 원소의 개수가 한 개인 집합(**홑궤도, single orbit**)을 찾는 것이 정리 증명의 핵심이다. 이와 같은 흐름으로 앞으로 배울 실로우 I, II, III 정리도 증명할 수 있다. 다만 증명을 위해 선택하는 집합, 군 그리고 작용 방법이 핵심적 사안이다.

문제 2.53

대칭군 S_4 안의 위수 1, 2, 3인 원소의 예를 들어라.

풀이 $\mathrm{ord}(\sigma) = 1$이면 $\sigma = (1)$이다. $\mathrm{ord}(\sigma) = 2$이면 $\sigma = (12), (13), (14), (23), (24), (34)$가 대표적 예제이다. 이외에도 $\sigma = (12)(34)$가 가능함에 유의하라. $\mathrm{ord}(\sigma) = 3$이면 $\sigma = (123), (124), (134), (234)$등이 가능하다. 연산 후 위수는 작아질 수도 있다. 예를 들어, $\tau = (123)(234) = (12)(34)$이므로 $\mathrm{ord}(\tau) = 2$이다. □

문제 2.54

정리 2.52의 증명과정의 $C_H(X)$안의 p개의 서로 다른 원소를 제시하라.

풀이 증명의 Step 4.의 a_1에 대하여 $a \in \langle a_1 \rangle$이면 $(a, a, a, \cdots, a) \in C_H(X)$이다. □

2.2.3 군 작용의 응용

군 작용의 기초 정리인 궤도-안정자 정리(도움정리 2.49)와 궤도분할 정리(도움정리 2.50)를 이용하여 코시 정리의 한 가지 일반화된 형태를 살펴보자.

정리 2.55 **실로우 I 정리(Sylow I theorem)**

군 G의 위수가 $|G| = p^n m$, $(p, m) = 1$일 때, 위수가 $|H| = p^n$인 부분군 $H \leq G$가 존재한다. 단, p는 소수이다.

증명 Step 0. 집합 X를 군 G의 멱집합 $P(G)$의 부분집합 $X = \{A \mid A \subset G, |A| = p^n\}$이라 하면 $|X| = \binom{|G|}{p^n} = \binom{p^n m}{p^n}$이다. 계산으로부터 $p \mid (\binom{p^n m}{p^n} - m)$이므로 $p \nmid |X|$이다.

Step 1. 각각의 부분집합 A의 좌측에 이항연산으로

$$G \times X \to P(G),\ (g, A) \mapsto g * A = g \cdot A$$

를 정의하자. 소약법칙으로부터 $|g * A| = |A|$이므로 X로의 함수이고 $e \cdot A = A$이다. 그리고 군의 결합법칙으로부터 $(g_1 * g_2) \cdot A = g_1 \cdot (g_2 \cdot A)$이므로 X는 G-집합이다.

Step 2. 궤도분할 정리(도움정리 2.50)로부터 집합 X의 원소의 개수

$$|X| = |G \cdot A_1| + |G \cdot A_2| + \cdots + |G \cdot A_l|$$

이다. 그런데 $p \nmid |X|$이므로 G-궤도 $G \cdot A_k$에 대하여 $p \nmid |G \cdot A_i|$인 A_i가 적어도 하나 존재한다. 따라서, 궤도-안정자 정리(도움정리 2.49)로부터

$$|G_{A_i}||G \cdot A_i| = |G| = p^n m \Rightarrow |G \cdot A_i||m \Rightarrow |G_{A_i}| = p^n \frac{m}{|G \cdot A_i|} \geq p^n \tag{2.5}$$

이다.

Step 3. 한편, $a \in A_i$에 대하여

$$\begin{aligned} G_{A_i} * a &= \{g \mid g \cdot A_i = A_i\} * a \\ &= \{g * a \mid g \cdot A_i = A_i\} \overset{g*a \in g \cdot A_i = A_i}{\subset} A_i \\ &\Rightarrow |G_{A_i} * a| \leq |A_i| = p^n \end{aligned}$$

이고 소약법칙으로부터 $|G_{A_i} * a| = |G_{A_i}|$이므로 부등식 (2.5)로 부터 $|G_{A_i}| = p^n$이다. 따라서 부분군은 $H = G_{A_i}$이다. □

문제 2.56 **탐구문제**

다음 물음에 답하라. 단, p는 소수이다.

(1) $p \mid (\binom{p^n m}{p^n} - m)$을 증명하라.

(2) $m = 1$일 때, 정리 2.55는 참인가?

(3) $|G_{A_i} * a| = |G_{A_i}|$를 증명하라.

풀이 (1) 다항식 $(x+1)^{p^n m} = ((1+x)^{p^n})^m$에서 양변의 x^{p^n}의 계수를 비교한다.
(2) $H = G$로 선택하면 되므로 참이다. (3) G_{A_i}가 군이므로 성립한다. □

같은 위수를 갖는 부분군들의 모임에 군의 작용을 주는 기본적인 방법이 있다.

문제 2.57

군 $(G, *)$의 부분군의 집합을 $X = \{H \mid H \leq G\}$라 하고

$$G \times X \to P(G),\ (g, H) \mapsto g * H * g^{-1} = g \cdot H$$

로 정의하자.

(1) $g * H * g^{-1} = \{g * h * g^{-1} \mid h \in H\}$은 G의 부분군임을 증명하라.

(2) X는 G-집합임을 증명하라.

풀이 (1) $e = g*e*g^{-1}, g*h*g^{-1}, g*k*g^{-1} \in g*H*g^{-1} \Rightarrow (g*h*g^{-1})*(g*k*g^{-1})^{-1} = g*(h*k^{-1})*g^{-1} \in g*H*g^{-1}$이다.
(2) $e \cdot H = e * H * e^{-1} = H$이고

$$\begin{aligned}(g_1 * g_2) \cdot H &= (g_1 * g_2) * H * (g_1 * g_2)^{-1} \\ &= g_1 * (g_2 * H * g_2^{-1}) * g_1^{-1} \\ &= g_1 \cdot (g_2 * H * g_2^{-1}) \\ &= g_1 \cdot (g_2 \cdot H)\end{aligned}$$

이다. □

정의 2.58 **정규화(normalizer) 부분군**

문제 2.57의 작용에서 안정자 부분군 $G_H = \{g \in G \mid g * H * g^{-1} = H\}$를 부분군 H의 **정규화 부분군**이라하고 기호는 $N_G(H)$로 표기한다. 도움정리 2.47로부터 $H \leq N_G(H) \leq G$이다.

2.2.4 연습문제

2.2.1. X가 G-집합이라 하자. $x,\ y \in X$에 대하여 $G \cdot x = G \cdot y$일 필요충분조건은 $y = g \cdot x$를 만족하는 어떤 $g \in G$가 존재하는 것임을 보이라.

2.2.2. (탐구문제) 집합 $X = \{a + b\sqrt{2} \mid a, b \in \mathbb{Q}\}$에 대하여 X의 일대일대응의 부분군을

$$G = \{\mathrm{id}, g\},\ g : X \to X,\ g(a + b\sqrt{2}) = a - b\sqrt{2}$$

로 정의하고 $G \times X \to X, (g, x) \to g \cdot x = g(x)$라 하자. 다음 물음에 답하라.

(1) G가 군을 이룸을 확인하라.

(2) 이 대응으로부터 X는 G-집합임을 보이라.

(3) $\sqrt{2} \in X$에 대하여 안정자 부분군 $G_{\sqrt{2}}$을 구하라.

(4) $G \cdot x \subset \mathbb{Q}$가 되는 $x \in X$를 찾아라.

2.2.3. (탐구문제) 예제 2.46의 켤레류 작용을 대칭군 $G = S_3$에 적용할 때, 치환 $\sigma = (12)$에 대하여 궤도 $G \cdot \sigma$와 안정자 부분군 G_σ를 각각 구하라.

2.2.4. X가 G-집합일 때 임의의 $x \in X$, $g \in G$에 대하여 다음 물음에 답하라.

(1) $g * G_x * g^{-1} \leq G_{g \cdot x}$임을 보이라.

(2) (1)의 x에 $g \cdot x$, g에 g^{-1}를 각각 대입하여 $G_{g \cdot x} = g * G_x * g^{-1}$이 성립함을 확인하라.

2.2.5. 순서쌍 집합 $X = \{1, 2, 3\} \times \{1, 2, 3\}$에 대칭군 S_3이 $\sigma \cdot (i, j) = (\sigma(i), \sigma(j))$, $\sigma \in S_3$, $(i, j) \in X$로 작용하고 있다. 집합 X를 궤도 집합으로 분할하라.

2.2.6. 등식 (2.2)는 동치관계임을 보이라.

2.2.7. (탐구문제) 집합 X를 1, 2, 3, 4를 원순열(즉, 회전하여 일치하는 것은 같은 것)로 배열한 것들의 모임이라 하자. 예를 들어, $[1324] \in X$의 배열은 다음과 같다.

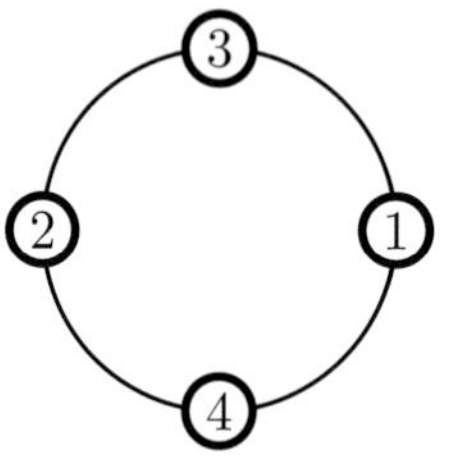

다음 물음에 답하라. 단, 치환 $\sigma \in S_4$와 $x \in X$에 대하여, 작용 $\sigma \cdot x$의 결과는 σ에 의한 자리 바꿈으로 정의한다.

(1) $[1234] \in X$의 궤도 $S_4 \cdot [1234]$를 구하라.

(2) 원순열 $x = [1234]$에 대한 안정자 부분군을 찾아라.

(3) 집합 X의 원소의 개수를 (1)과 (2)의 결과를 이용하여 구하라.

2.2.8. 다음은 $\sqrt{2}$가 유리수가 아님을 군의 작용을 이용하여 증명하는 과정이다. 빈칸에 알맞은 기호나 숫자를 채우라.

증명) Step 0. $\sqrt{2}$를 $\boxed{(가)}$라 하면 자연수의 순서쌍 집합의 부분집합

$$X = \{(s,t) \mid s^2 - 2t^2 = 0\} \subset \mathbb{N} \times \mathbb{N}$$

은 적어도 한 쌍의 자연수 순서쌍이 존재한다. 그리고 정수군 $\mathbb{Z}$에 대하여 $\mathbb{Z} \times X \to \mathbb{Q} \times \mathbb{Q}$, $n \times (s,t) \mapsto (2^n s, 2^n t) = n \cdot (s,t)$로 대응시키자.

Step 1. $(s,t) \in X$와 음이 아닌 정수 $n \geq 0$에 대하여 $2^{2n}(s^2 - 2t^2) = 0 \Rightarrow (2^n s)^2 - 2(2^n t)^2 = 0$이다. 즉, $(2^n s, 2^n t) \in X$이다. 한편, $s^2 = 2t^2$이므로 $2|s \Rightarrow s = 2s'$, $s' \in \mathbb{N}$이다. 따라서 $4s'^2 - 2t^2 = 0 \Rightarrow 2|t \Rightarrow t = 2t'$, $t' \in \mathbb{N}$도 성립한다. 이로부터 $2s'^2 - 4t'^2 = 0 \Rightarrow (s', t') = (\frac{s}{2}, \frac{t}{2}) \in X$이다. 같은 방법으로 반복하면 $(\boxed{(나)}s, \boxed{(나)}t) \in X$이다. 결국 Step 0.의 대응은 집합 X로의 함수이다.

Step 2. $n = 0$이면 $(s,t) \mapsto (s,t)$이고 $\boxed{(다)}$(으)로부터 준 대응은 작용이다. 즉, 집합 X는 $\mathbb{Z}$-집합이다.

Step 3. 정수군 $\mathbb{Z}$에 의한 모든 궤도들의 집합 $\mathbb{Z} \cdot X$는 Step 0.으로부터 공집합이 아니다. 따라서 $\boxed{(라)}$(으)로부터 $\mathbb{Z} \cdot X$의 원소 중 좌표의 합이 최소인 것이 존재한다. 이것을 $k \cdot (m,n) = (m_k, n_k)$이라 하자. 그러면 $\boxed{(마)} \cdot (m,n) = (\frac{m_k}{2}, \frac{n_k}{2})$이고 이것의 성분의 합은 $\frac{m_k}{2} + \frac{n_k}{2} \boxed{(바)} m_k + n_k$이므로 순서쌍 (m_k, n_k)의 선택에 모순이다. 결국 $\sqrt{2}$는 유리수가 아니다.

2.2.9. 집합 X의 일대일대응으로 이루어진 군$(G = \mathrm{Aut}(X), \circ)$에 대하여 대응을

$$G \times X \to X, (g,x) \to g \cdot x = g(x)$$

라 하면 집합 X는 G-집합임을 보이라. 단, $\circ$는 함수의 합성이다.

2.2.10. (2009) 유한군 G가 자명하지 않은 진 부분군을 갖지 않으면 G가 가환군임을 보이라.

2.2.11. 위수가 $|G| = pq$ (p, q는 소수)인 군 G의 부분군 H에 대하여 H는 순환군임을 보이라. 단, $G \neq H$이다.

2.2.12. (탐구문제) 유한군 G에서 켤레류 작용 (예제 2.46)의 궤도 $G \cdot g_0$, $G \cdot g_1$, $G \cdot g_2$, $g_i \in G$일 때, $|G| = 3$ 또는 6임을 보이는 과정이다. 물음에 답하라.

(1) $c_i = |G_{g_i}|$, $d_i = |G \cdot g_i|$, $0 \le i \le 2$라 하면 등식 $d_0 + d_1 + d_2 = c_0 d_0 = c_1 d_1 = c_2 d_2$가 성립함을 보이라.

(2) 세 궤도 중 적어도 하나는 홑궤도(궤도의 원소의 개수가 1)임을 보이라.

(3) $d_0 \le d_1 \le d_2$이라 하면 $(c_1, d_1) = (3, 2)$ 또는 $(c_2, d_2) = (3, 1)$임을 보이라.

2.2.13. 유한군 G의 서로 다른 부분군이 오직 두 개이면 군 G의 위수는 소수임을 보이라.

2.2.14. (탐구문제) 군 G의 두 부분군 H와 K에 대하여 $[G : H] < \infty$이고 $[G : K] < \infty$이면 $[G : H \cap K] < \infty$가 성립함을 보이는 과정이다. 빈칸에 알맞은 기호나 용어를 채워 완성하라.

> 증명) $|G| < \infty$이면 라그랑주 정리로부터 참이다. $|G| = \infty$라 하자. H와 K의 좌잉여류에 의한 상집합의 곱집합 $X = G/\sim_H \times G/\sim_K$라 하고 집합 X에 군 G를 다음과 같이 작용시켜 보자.
>
> $$G \times X \to X, (g, (xH, yK)) \mapsto (gxH, gyK).$$
>
> 실제로 ...(중략)...이기 때문이다. 따라서 안정자 부분군은 $G_{(H,K)} = \{g \in G | (gH, gK) = (H, K)\} = \boxed{(가)}$이다. 그러므로 $\boxed{(나)}$ 정리로부터
>
> $$[G : G_{(H,K)}] = [G : \boxed{(가)}] = |G \cdot (H, K)|$$
>
> 이다. 우변의 궤도 집합은 $G \cdot (H, K) = \{(gH, gK) \mid g \in G\} \subset X$이고, 가정으로부터 X가 $\boxed{(다)}$이므로 지표는 $[G : H \cap K] < \infty$이다.

2.3 위수 11 이하인 군

코시 정리를 이용하여 작은 위수의 군의 특징과 구체적인 예들을 탐구해본다.

2.3.1 위수 6인 군

문제 2.59

위수가 $|G| = 6$인 가환군 G로 가능한 연산표를 모두 구하라.

풀이 코시 정리로부터 $\text{ord}(a) = 2, \text{ord}(b) = 3$인 두 원소 $a, b \in G$가 존재한다. $\langle a \rangle \cap \langle b \rangle \leq \langle a \rangle, \langle b \rangle$이므로 라그랑주 정리로부터 $\langle a \rangle \cap \langle b \rangle = \{e\}$이다. 그리고 G는 가환이므로 $ab = ba$이다. 라그랑주 정리로부터 $\text{ord}(ab) \| G| = 6$이다. $\text{ord}(ab) = 1 \Rightarrow a = b^{-1} \Rightarrow \text{ord}(a) = \text{ord}(b^{-1}) = \text{ord}(b)$이므로 모순이다. $\text{ord}(ab) = 2 \Rightarrow e = (ab)^2 = a^2b^2 = b^2 \Rightarrow \text{ord}(b)|2$이므로 모순이다. $\text{ord}(ab) = 3 \Rightarrow e = (ab)^3 = a^3b^3 = a$이므로 이 역시 모순이다. 따라서 $\text{ord}(ab) = 6$이므로 $\langle ab \rangle = G$이다. 즉, G의 가능한 연산표는 순환군의 연산표이다. 따라서 $(\mathbb{Z}_6, +)$의 연산표와 그 형태가 같다. □

문제 2.59의 증명과정에서 특정 위수를 갖는 원소의 존재성은 코시 정리로부터 알 수 있다. 후반부 내용을 일반화시키자.

명제 2.60

$a, b \in G$에 대하여 $\langle a \rangle \cap \langle b \rangle = \{e\}$이고 $ab = ba$이면 $\text{ord}(ab) = [\text{ord}(a), \text{ord}(b)]$이다.

증명 $\text{ord}(a), \text{ord}(b) \mid [\text{ord}(a), \text{ord}(b)]$이므로

$$(ab)^{[\text{ord}(a),\text{ord}(b)]} = a^{[\text{ord}(a),\text{ord}(b)]}b^{[\text{ord}(a),\text{ord}(b)]} = e$$

이다. 따라서 $\text{ord}(ab) \mid [\text{ord}(a), \text{ord}(b)]$이다. 역으로

$$(ab)^{\text{ord}(ab)} = e \Rightarrow a^{\text{ord}(ab)}b^{\text{ord}(ab)} = e \Rightarrow a^{\text{ord}(ab)} = b^{-\text{ord}(ab)}$$

에서 조건 $\langle a \rangle \cap \langle b \rangle = \{e\}$로부터 $a^{\text{ord}(ab)} = b^{-\text{ord}(ab)} = e$이다. 따라서

$$\text{ord}(a), \text{ord}(b)|\text{ord}(ab) \Rightarrow [\text{ord}(a), \text{ord}(b)]|\text{ord}(ab)$$

이다. □

예제 2.61

군 $\mathbb{Z}_m \times \mathbb{Z}_n$의 부분군 $\langle(\bar{1}, \bar{1})\rangle$의 연산표와 $\mathbb{Z}_{[m,n]}$의 연산표는 일치한다. 특히, $(m, n) = 1$이면 군 $\mathbb{Z}_m \times \mathbb{Z}_n$의 연산표와 $\mathbb{Z}_{mn}$의 연산표는 같다. 실제로 $(1, 0), (0, 1) \in \mathbb{Z}_m \times \mathbb{Z}_n$의 위수는 각각 m, n이고 $\langle(1, 0)\rangle \cap \langle(0, 1)\rangle = \{(0, 0)\}$이다. 따라서 $\text{ord}((1, 1)) = [m, n] = mn$이다. 그래서 순환군 $\langle(1, 1)\rangle = \mathbb{Z}_m \times \mathbb{Z}_n$의 연산표는 순환군 $\mathbb{Z}_{mn}$의 연산표와 같다. 이때, $(1, 1) \in \mathbb{Z}_m \times \mathbb{Z}_n$를 $1 \in \mathbb{Z}_{mn}$으로 간주한다.

2.3.2 위수 8인 군

문제 2.62 **탐구문제**

$|G| = 8$인 비가환군 G의 가능한 연산표를 구성하는 과정이다. 다음 물음에 답하라.

(1) $\text{ord}(a) = 4$인 원소 $a \in G$가 존재함을 보이라.

(2) 좌잉여류 분할 $G = \langle a\rangle \cup b\langle a\rangle$에 대하여 $a^3b \in G$의 값으로 가능한 경우가 한 가지 있다. 그 값을 찾아라.

풀이 (1) $\forall a \in G \Rightarrow \text{ord}(a) = 2$이면 G는 가환군이다(예제 2.5). 만약 $\text{ord}(a) = 8$인 원소가 존재한다면 G는 순환군이므로 가환이다. 따라서 $\text{ord}(a) = 4$인 원소가 적어도 하나 존재한다.

(2) 군 G를 부분군 $\langle a\rangle$에 대한 좌잉여류 분할하여 $G = \langle a\rangle \cup b\langle a\rangle = \{e, a, a^2, a^3, b, ba, ba^2, ba^3\}$로 쓰자. a^3b로 가능한 연산값을 찾아보자.

- $a^3b = a^i \Rightarrow b = a^{i-3}$, $i = 0, 1, 2, 3$이므로 G는 가환이다.
- $a^3b = b \Rightarrow a^3 = e \Rightarrow \text{ord}(a) = 3$이므로 모순이다.
- $a^3b = ba^2 \Rightarrow b^{-1}a^3b = a^2 \Rightarrow \text{ord}(b^{-1}a^3b) = 4 \neq 2 = \text{ord}(a^2)$이므로 모순이다.
- $a^3b = ba^3 \Rightarrow \langle a\rangle = \langle a^3\rangle$이므로 $G = \langle a^3\rangle \cup b\langle a^3\rangle$꼴로 쓸 수 있어 G는 가환이다.
- $a^3b = ba$가 유일하게 가능한 경우이다.

□

문제 2.62에서 $\mathrm{ord}(b) = 2$ 또는 4에 따라 서로 다른 두 가지의 연산표가 있다. $a^3b = ba \Leftrightarrow a^{-1}b = ba \Leftrightarrow ab = ba^{-1}$ 이므로 $a^i(ba^j) = ba^{-i}a^j = ba^{j-i}$ 이고 $(ba^i)(ba^j) = b^2a^{j-i}$ 이다. $\mathrm{ord}(b) = 2$ 이면 연산 결과가 G의 원소이다. $\mathrm{ord}(b) = 4$ 이면 b^2a^{i-j} 가 G의 원소가 되는지 확인하는 것에는 더 많은 계산이 필요하다(b^2의 값으로 가능한 것을 조사해 보면 $b^2 = a^2$ 이다). 이제 위의 조건을 만족시키는 예를 들어보자. 사실은 나올 수 있는 연산표를 모두 찾은 것이다.

예제 2.63

좌표평면 $\mathbb{R}^2$ 안의 원점을 중심으로 하고 $90°$ 만큼 반시계 회전변환을 r, x축 대칭변환을 s라 하자. 정의로부터 $r^4 = s^2 = \mathrm{id}_{\mathbb{R}^2}$, $r^3s = sr$ 이고 집합

$$\{\mathrm{id}_{\mathbb{R}^2} = r^0, r, r^2, r^3, s, sr, sr^2, sr^3\}$$

은 함수의 합성에 대해 연산표를 작성할 수 있으므로 군을 이룬다.

$\circ$	r^0	r	r^2	r^3	s	sr	sr^2	sr^3
r^0	r^0	r	r^2	r^3	s	sr	sr^2	sr^3
r	r	r^2	r^3	r^0				
r^2	r^2	r^3	r^0	r				
r^3	r^3	r^0	r	r^2				
s	s							
sr	sr							
sr^2	sr^2							
sr^3	sr^3							

예제 2.64 **쿼터니언 군 (quaternion group)**

복소수를 성분으로 하는 이차 정사각행렬들의 집합의 부분집합

$$Q = \{E, A, A^2, A^3, B, BA, BA^2, BA^3\},$$
$$E = \begin{pmatrix} 1 & 0 \\ 0 & 1 \end{pmatrix},\ A = \begin{pmatrix} 0 & 1 \\ -1 & 0 \end{pmatrix},\ B = \begin{pmatrix} 0 & i \\ i & 0 \end{pmatrix}$$

에 대하여 $A^4 = B^4 = E$, $AB = B^3A$, $A^2 = B^2$ 임을 계산을 통해 확인할 수 있다. 이를 이용하여 연산표를 작성할 수 있으므로 위수가 8인 군을 이룬다. Q는 쿼터니언 군에서 따온 약자이다.

2.3.3 위수 9와 10인 군

명제 2.65

$|G| = 9$이면 군 G는 가환임을 보이라.

증명 어떤 $a \in G$에 대하여 $\mathrm{ord}(a) = 9$이면 G는 가환이다. 따라서 라그랑주 정리로부터 $\forall a \in G \setminus \{e\} \Rightarrow \mathrm{ord}(a) = 3$이다. 그러므로 $b \in G \setminus \langle a \rangle$에 대하여 $G = \langle a \rangle \cup b\langle a \rangle \cup b^2\langle a \rangle$ 꼴로 쓸 수 있다. 가능한 ab의 값을 찾아보자. 먼저 $ab \notin \{e, a, a^2, b, b^2\}$이다.

- $ab = ba^2 \Rightarrow b^{-1}ab = a^2 \Rightarrow b^{-1}(b^{-1}ab)b = b^{-1}a^2b \Rightarrow b^{-2}ab^2 = (b^{-1}ab)^2 = a^4 \Rightarrow b^{-3}ab^3 = a^8$이다. 그런데 $\mathrm{ord}(a) = \mathrm{ord}(b) = 3$이므로 $a = a^8 = a^2 \Rightarrow a = e$이므로 모순이다. 같은 방법으로 $ab \neq b^2a$이다.
- $ab = b^2a^2 \Rightarrow ab = b^{-1}a^{-1} = (ab)^{-1} \Rightarrow (ab)^2 = e$가 되어 $b = a^{-1} \Rightarrow b \in \langle a \rangle$이므로 모순이다.

결국 $ab = ba$이므로 G는 가환이다. □

예제 2.66

위수가 10인 비가환군 G의 연산표는 한 가지뿐이다. 코시 정리로부터 $\mathrm{ord}(a) = 5$, $\mathrm{ord}(b) = 2$인 원소 $a, b \in G$가 있다. 따라서 $G = \langle a \rangle \cup b\langle a \rangle$로 쓸 수 있다. 가능한 ab의 값을 찾아보면 $ab = ba^i$, $i = 2, 3, 4$이다. 즉, $b^{-1}ab = a^i$이다. 명제 2.65의

증명과 비슷한 방법으로

$$b^{-2}ab^{2} = a^{i^2} \Rightarrow a = a^{i^2} \Rightarrow a^{i^2-1} = e \Rightarrow 5|i^2 - 1$$

이므로 $i = 4$이다. 따라서 $ab = ba^{-1}$이다. 이를 이용하여 연산표를 완성할 수 있다.

위 예제를 일반화하여 다음과 같다.

문제 2.67

위수 $2p$인 비가환군 G에 대하여 다음 물음에 답하라. 단, p는 홀수인 소수이다.

(1) $\mathrm{ord}(a) = p$, $\mathrm{ord}(b) = 2$인 두 원소 $a, b \in G$가 존재함을 증명하라.

(2) 좌잉여류 분할 $G = \langle a \rangle \cup b\langle a \rangle$에 대하여 ab로써 가능한 값은 오직 한 가지이다. 그 값을 구하라.

풀이 (1) 코시 정리로부터 $\mathrm{ord}(a) = p$인 원소와 $\mathrm{ord}(b) = 2$인 원소가 각각 한 개씩 있다.
(2) 가능한 ab의 값은 $ab = ba^i$, $2 \le i \le p-1$이다. 따라서 $b^{-1}ab = a^i$이다.

$$b^{-2}ab^{2} = a^{i^2} \Rightarrow a = a^{i^2} \Rightarrow a^{i^2-1} = e \Rightarrow p|i^2 - 1 = (i+1)(i-1) \Rightarrow i = p-1$$

이다. 따라서 $b^{-1}ab = a^{p-1} \overset{a^p=e}{\Rightarrow} ab = ba^{-1}$이다. □

조건 $a^p = b^2 = e$, $ab = ba^{-1}$으로만 G의 연산표를 작성할 수 있다. 즉, $(a^i)(ba^j) = ba^{-i}a^j = ba^{-i+j}$, $(ba^i)(ba^j) = b^2a^{-i+j} = a^{-i+j}$이므로 연산표의 결과를 G의 원소로 쓸 수 있다. 따라서 군 G가 존재한다면 한 가지뿐이다.

부언 2.68 다이히드럴 군(dihedral group)

좌표평면 $\mathbb{R}^2$ 안의 원점을 중심으로 $\frac{2\pi}{n}$ 만큼 회전이동시키는 변환을 r, x축 대칭 변환을 s라 하자. 정의로부터 $r^n = s^2 = \mathrm{id}_{\mathbb{R}^2}$, $r \circ s = s \circ r^{-1}$이다.

$$D_n = \{r^0, r^1, \cdots, r^{n-1}, s, s \circ r, s \circ r^2, \cdots, s \circ r^{n-1}\}$$

라 하면 위수가 $|D_n| = 2n$인 군이다. D_n의 D는 **다이히드럴 군**에서 따온 약자이다.

$|G|=12$인 비가환군 G의 연산표를 찾기 위해 코시 정리를 일반화시킬 필요가 있다. 목적을 달성하기 위해 필요한 도구들이 더 있다.

2.3.4 연습문제

2.3.1. 좌표평면의 회전변환 $R=\begin{pmatrix}0 & -1\\ 1 & 0\end{pmatrix}$과 x축 대칭변환 $S=\begin{pmatrix}1 & 0\\ 0 & -1\end{pmatrix}$에 대하여 등식 $R^4=S^2=(SR^{-1})^2=E$가 성립함을 보이라.

2.3.2. 대칭군 S_8의 두 원소 $\sigma=(1247)(3685)$, $\tau=(1348)(2576)$에 대하여 다음 물음에 답하라.

(1) $\sigma^4=\tau^4=(1)$, $\sigma\tau=\tau\sigma^{-1}$, $\sigma^2=\tau^2$임을 각각 확인하라.

(2) σ와 τ를 이항연산하여 얻게 되는 S_4의 부분군의 연산표는 예제 2.64의 연산표와 '같음'을 설명하라. 따라서, 쿼터니언 군 Q는 대칭군 S_8의 부분군으로 간주할 수 있다.

2.3.3. (탐구문제) 집합 $\mathrm{SL}_2(\mathbb{Z})=\{A \mid |\det(A)|=1,$ 이차 정사각행렬 A의 각 성분은 정수$\}$에 대하여 다음 물음에 답하라.

(1) $\mathrm{SL}_2(\mathbb{Z})$는 행렬 곱셈에 대해 군임을 증명하라.

(2) 행렬 $A=\begin{pmatrix}0 & -1\\ 1 & 0\end{pmatrix}$, $B=\begin{pmatrix}0 & 1\\ -1 & -1\end{pmatrix}$에 대하여 A, B의 위수를 구하라.

(3) $\mathrm{ord}(AB)=\infty$임을 증명하라.

2.3.4. 대칭군 S_5의 원소 $\sigma=(12345)$와 $\tau=(25)(34)$로 구성된 모임

$$\{\sigma^0,\sigma^1,\sigma^2,\sigma^3,\sigma^4,\tau,\tau\sigma^1,\tau\sigma^2,\tau\sigma^3,\tau\sigma^4\}$$

에 대하여 다음 물음에 답하라.

(1) 이 모임은 원소가 10개인 부분군을 이룸을 증명하라. 즉, 10개의 원소로 연산표를 구성할 수 있음을 확인하라.

(2) 비가환군임을 확인하여 다이히드럴 군 D_5와 같은 연산표를 가짐을 확인하라.

2.3.5. (도전문제) 군 G의 위수가 3의 배수가 아니고

$$(ab)^3 = a^3b^3, \qquad \forall a,\, b \in G$$

이면 G는 가환군임을 확인하는 과정이다.

(1) $(ba)^2 = a^2b^2$이 성립함을 보이라.

(2) $(aba^{-1}b^{-1})^2 = b^{-1}a^{-1}ba$가 성립함을 보이라.

(3) 군 G가 가환임을 확인하라.

2.3.6. 대칭군 S_4 안의 두 원소 $\sigma = (234)$와 $\tau = (14)(23)$에 대하여 다음 물음에 답하라.

(1) 정사면체의 각 꼭짓점에 1, 2, 3, 4를 순서 매김하여 두 치환 σ와 τ의 의미를 설명하라.

(2) $\mathrm{ord}(\sigma)$와 $\mathrm{ord}(\tau)$를 각각 구하라.

(3) (도전문제) σ와 τ를 이항연산하여 나올 수 있는 S_4 안의 원소는 모두 몇 개인가?

2.3.7. (탐구문제) 두 군 G_1과 G_2에 대하여 곱집합 $G_1 \times G_2$의 이항연산을 성분별 연산으로 정의하면 이 집합은 군을 이룬다. 곱집합의 원소 $(g_1, g_2) \in G_1 \times G_2$의 위수는 $\mathrm{ord}((g_1, g_2)) = [\mathrm{ord}(g_1), \mathrm{ord}(g_2)]$임을 보이라.

2.3.8. 원소의 개수가 9인 군 $\mathbb{Z}_3 \times \mathbb{Z}_3$ 안에 위수가 3인 원소를 모두 나열하라.

2.3.9. (2011) $G = \mathbb{Z}_{12} \times \mathbb{Z}_7$의 원소 $(3, 1)$의 위수를 구하라.

2.3.10. (2011) 군 $\mathbb{Z}_{12} \times \mathbb{Z}_7$은 순환군임을 보이라.

2.3.11. (2020) 군 $S_5 \times \mathbb{Z}_{12}$에 대하여, S_5의 원소 $\sigma = \begin{pmatrix} 1 & 2 & 3 & 4 & 5 \\ 2 & 4 & 5 & 1 & 3 \end{pmatrix}$의 위수와 $(\sigma, 9)$의 위수를 각각 구하라.

제 3 장
군의 동형, 상군, 동형정리

이 단원에서는 집합으로써 서로 다른 군이지만 '연산구조가 같은 군'의 뜻을 살펴본다. 그리고 부분군의 동치관계를 세밀화하여 군의 상집합에 이항연산을 유도하는 방법을 탐구한다. 그리고 제 I 동형정리를 활용하여 여러 가지 형태의 동형정리를 탐구한다. 끝으로 상군의 부분군 형태를 살펴본다.

3.1 군의 동형

지금까지 분류해 오던 군의 연산표 중에는 군의 원소들은 다르지만 연산표의 형태는 같다고 말할 수 있는 경우들이 많았다. 예를 들어, $\operatorname{ord}(a) = p$인 원소 a로 생성되는 순환군 $\langle a \rangle$의 지수셈 연산표는 덧셈군 $(\mathbb{Z}_p, +)$의 그것과 같은 것으로 취급할 수 있다. 그리고 위수가 6인 비가환군의 연산표는 '본질적'으로 한 가지뿐이다.

3.1.1 동형함수와 군

수학의 다른 분야와 마찬가지로 군 분류는 군 이론의 본질적 부분 중 하나이다. 분류론의 출발은 늘 그러하듯이 원소의 개수부터 따져 분류하는 것이 가장 자연스럽다. 즉, 군 G와 G'에 대하여 일대일대응 $f : G \to G'$가 존재하면 두 군을 '같다'고 말할 수 있을 것이다. 그런데 이 조건은 단순히 집합의 원소의 개수(농도)가 같다는 것을 말한다. 예를 들어, 위수가 4인 군은 서로 다른 두 가지의 연산표($\mathbb{Z}_4$와 $\mathbb{Z}_2 \times \mathbb{Z}_2$)가 있다. 그러므로 서로 다른 연산표를 구분지어 줄 수 있는 수학적 언어가 필요하다.

정의 3.1 군동형사상(group isomorphism)

군 $(G, *)$와 $(G', *')$사이의 일대일대응 $f : G \to G'$에 대하여 등식

$$\text{보존조건}(\star) : f(g_1 * g_2) = f(g_1) *' f(g_2), \forall g_1, g_2 \in G$$

을 만족시키면 함수 f를 **(군)동형사상(함수)**이라 한다.

군 G와 G' 사이의 동형함수 f가 존재할 때 기호로는 $G \overset{f}{\cong} G'$(또는 $G \cong G'$)로 표기하고 G와 G'는 서로 동형(인)군이라고 말한다.

예제 3.2

순환군 $\mathbb{Z}_3$과 대칭군 S_3의 부분군 $H = \langle (231) \rangle$ 사이에는 군동형사상이 있다. 이것은 위수 3인 군의 가능한 연산표는 한 가지뿐이기 때문이다. 실제로

$$f : \mathbb{Z}_3 \to H,\ f(\overline{0}) = (1),\ f(\overline{1}) = (231),\ f(\overline{2}) = (132)$$

로 함수를 정의하면 보존조건 $\star$을 만족시킨다.

문제 3.3 **탐구문제**

정사각행렬 $A = \begin{pmatrix} \cos\frac{2}{3}\pi & -\sin\frac{2}{3}\pi \\ \sin\frac{2}{3}\pi & \cos\frac{2}{3}\pi \end{pmatrix}$, $B = \begin{pmatrix} 1 & 0 \\ 0 & -1 \end{pmatrix}$ 에 대하여 군

$$\{E, A, A^2, B, BA, BA^2\}$$

과 대칭군 S_3 사이의 동형함수를 찾아라.

풀이 A를 (123) 그리고 B를 (23)으로 대응시키자. 나머지 원소가 보존조건 $\star$을 만족시키도록 함숫값을 대응시키면 된다. □

문제 3.4

군 동형사상 $f : G \to G'$에 대하여 $f(e) = e'$임을 보이라.

풀이 $f(e) = f(e * e) = f(e) *' f(e)$이다. 소약법칙으로부터 $f(e) = e'$이다. □

문제 3.5 **단원군(unit group)**

다음 물음에 답하라.

(1) 단원집합 $\mathbb{Z}_n^*$는 곱셈에 대해 군을 이룸을 증명하라.

(2) 군 $\mathbb{Z}_{12}^*$와 $\mathbb{Z}_2 \times \mathbb{Z}_2$ 사이의 동형사상을 찾아라.

풀이 (1) $\bar{s}, \bar{t} \in \mathbb{Z}_n^* \overset{(s,n)=(t,n)=1 \Rightarrow (st,n)=1}{\Rightarrow} \bar{s}\bar{t} = \overline{st} \in \mathbb{Z}_n^*$ 이다. $\bar{s}\bar{1} = \bar{1}\bar{s} = \bar{s}$이다.

$$\bar{s} \in \mathbb{Z}_n^* \overset{(s,n)=1}{\Rightarrow} su + nv = 1, \exists u, v \in \mathbb{Z} \text{ (베주 등식)}$$
$$\Rightarrow \overline{su + nv} = \bar{1} \overset{\overline{nv}=0 \in \mathbb{Z}_n}{\Rightarrow} \overline{su} = \overline{us} = \bar{1} \Rightarrow \bar{s}^{-1} = \bar{u}$$

이다. 구체적 상황에서 $\bar{s}$의 역원 $\bar{u}$는 유리수의 연분수를 이용하여 계산한다(예제 1.32).

(2) $\mathbb{Z}_{12}^* = \{\bar{1}, \bar{5}, \bar{7}, \overline{11}\}$이다. 함수 $f : \mathbb{Z}_{12}^* \to \mathbb{Z}_2 \times \mathbb{Z}_2$를

$$f(\bar{1}) = (0,0),\ f(\bar{5}) = (1,0),\ f(\bar{7}) = (0,1),\ f(\overline{11}) = (1,1)$$

로 정의하면 보존조건 $\star$을 만족하므로 f는 동형함수이다. □

문제 3.6

군 $\mathbb{Z}_2 \times \mathbb{Z}_3$과 $\mathbb{Z}_6$ 사이의 동형함수를 모두 찾아라.

풀이 $\mathbb{Z}_2 \times \mathbb{Z}_3 = \langle(1,1)\rangle$이다. 동형함수를 $f : \mathbb{Z}_2 \times \mathbb{Z}_3 \to \mathbb{Z}_6$이라 하면 $f(x,y) = f(m(1,1)) = mf(1,1)$이므로 $f(1,1)$의 값을 알면 충분하다. 그리고 이 조건을 만족 하면 $f(x,y)+f(z,w) = f(x+z,y+w)$이므로 보존조건 $\star$이 성립한다. 가능한 함숫값 $f(1,1)$을 조사하면 6과 서로소인 대표원이 아니라면, 위로의 함수가 되지 못해 일대일대응 조건에 위배된다. 만약 $f(1,1) = \overline{k}, (k,6) = 1$이면 $\mathrm{ord}(\overline{k}) = 6$이므로 위로의 함수이다. 그러므로 가능한 동형사상은 $f(1,1) = 1$ 또는 5로부터 결정된다. 즉, 동형사상은 2개이다. □

문제 3.7 **탐구문제**

다음의 군 사이에는 동형함수가 존재하지 않음을 보이라.

(1) 덧셈군 $\mathbb{Z}_6$와 대칭군 S_3

(2) 단원군 $\mathbb{Z}_{15}^*$와 덧셈군 $\mathbb{Z}_8$

(3) (도전문제) 다이히드럴 군 D_4와 쿼터니언 군 Q

풀이 (1) 가환군 v.s. 비가환군. (2) 비순환군 v.s. 순환군. (3) 위수 2인 원소의 개수를 비교한다. □

문제 3.8 **자기동형사상(automorphism)**

군 G에서 G로의 동형사상을 **자기동형사상**이라 하고 이러한 원소들을 모두 모아 놓은 집합을

$$\mathrm{Aut}(G) = \{f \mid G \overset{f}{\cong} G\}$$

로 표기한다.

(1) 이 집합은 함수의 합성연산 $\circ$에 관한 군임을 증명하라.

(2) $\phi : G \to G,\ \phi(x) = gxg^{-1}$에 대하여 $\phi \in \mathrm{Aut}(G)$임을 보이라.

풀이 (1) $f_1, f_2 \in \mathrm{Aut}(G)$에 대하여 $f_1 \circ f_2 : G \to G$은 일대일대응이다. 그리고

$$\begin{aligned}(f_1 \circ f_2)(gg') &= f_1(f_2(gg')) = f_1(f_2(g)f_2(g')) \\ &= f_1(f_2(g))f_1(f_2(g')) = (f_1 \circ f_2)(g)(f_1 \circ f_2)(g')\end{aligned}$$

이므로 보존조건 $\star$이 성립한다. 항등원(역원)은 항등함수(역함수)이다.

(2) $\phi(xy) = g(xy)g^{-1} = gxg^{-1}gyg^{-1} = \phi(x)\phi(y)$이다. 그리고 $\psi(x) = g^{-1}xg$로 두면 $\phi \circ \psi = \psi \circ \phi = \mathrm{id}_G$이므로 자기동형사상이다. □

3.1.2 연산보존 함수

앞 단원에서 집합으로서 서로 다른 두 군이 언제 '같다'고 말할 수 있는지에 대한 수학적 개념을 정립했다. 논의의 과정에서 '일대일대응'은 두 집합이 갖추어야 할 필수적 조건이었다. 그리고 보존조건 $\star$은 두 군의 연산표 사이의 관계성을 말해준다.

$*$	e	$\cdots$	g_m
e	e	$\cdots$	g_m
$\vdots$	$\vdots$	$\cdots$	$\cdots$
g_n	g_n	$\cdots$	$g_n * g_m$

$\xrightarrow{f}$

$*'$	e'	$\cdots$	$f(g_m)$
e'	e'	$\cdots$	$f(g_m)$
$\vdots$	$\vdots$	$\cdots$	$\cdots$
$f(g_n)$	$f(g_n)$	$\cdots$	$f(g_n * g_m) = f(g_n) *' f(g_m)$

이런 의미에서 **일대일대응은 아니지만** 보존조건 $\star$을 만족하는 함수에 이름을 붙여보자.

정의 3.9 군 준동형사상(group homomorphism)

군 $(G, *)$와 $(G', *')$ 그리고 함수 $f : G \to G'$에 대하여

$$\forall g_1, g_2 \in G \Rightarrow f(g_1 * g_2) = f(g_1) *' f(g_2)$$

이면 f를 (군) 준동형사상(또는 함수)이라 한다.

이 정의는 군의 구조적 성질을 탐구하는 시작점임을 명심하자. 예를 들어, 실수의 곱셈군 $(\mathbb{R}^* = \mathbb{R} \setminus \{0\}, \times)$에서 함수 $f : \mathbb{R}^* \to \mathbb{R}^*,\ f(x) = x^2$는 $f(xy) = (xy)^2 = x^2y^2 = f(x)f(y)$이므로 f는 군 준동형사상이다.

예제 3.10

다이히드럴 군 D_4의 원소 r (90° 회전, 예제 2.63)에 대하여 함수

$$f : \mathbb{Z}_4 \to D_4,\ f(\overline{n}) = r^n$$

은 군 준동형사상이다. 왜냐하면

$$f(\overline{n} + \overline{m}) = f(\overline{n+m}) = r^{n+m} = r^n \circ r^m = f(\overline{n})f(\overline{m})$$

이기 때문이다.

문제 3.11

실수의 곱셈군 $\mathbb{R}^*$과 이차 가역행렬들의 부분군 $H = \left\{ \begin{pmatrix} 1 & 0 \\ 0 & x \end{pmatrix} \mid x \in \mathbb{R}^* \right\}$ 사이의 함수 $f : \mathbb{R}^* \to H, f(x) = \begin{pmatrix} 1 & 0 \\ 0 & x \end{pmatrix}$는 군 준동형사상임을 증명하라.

예제 3.12

대응 $f : \mathbb{Z}_4 \to \mathbb{Z}_3 \times \mathbb{Z}_4,\ f(\overline{n}) = (\overline{n}, \overline{1})$은 군 준동형사상이 아니다. 실제로 $f(\overline{1} + \overline{1}) = f(\overline{2}) = (\overline{2}, \overline{1}) \neq (\overline{2}, \overline{2}) = f(\overline{1}) + f(\overline{1})$이기 때문이다. 사실 f는 함수도 아니다. 즉, $\overline{1} = \overline{5} \Rightarrow f(\overline{1}) = f(\overline{5}) \Rightarrow (\overline{1}, \overline{1}) = (\overline{5}, \overline{1})$이어야 한다. 그런데 $\mathbb{Z}_3$에서 $\overline{1} \neq \overline{5} = \overline{2}$이므로 모순이다.

군 G에 대하여 군 준동형사상 $f : \mathbb{Z}_m \to G$는 함숫값 $f(\overline{1})$로부터 완전히 결정된다. 역으로 이 값이 정해지면 군 준동형사상을 구성할 수 있다. 즉, $f(\overline{s}) = f(s \cdot \overline{1}) = f(\overline{1}) * f(\overline{1}) * \cdots * f(\overline{1}) = f(\overline{1})^s$이므로 보존조건

$$f(\overline{s} + \overline{t}) = f(\overline{s+t}) = f(\overline{1})^{s+t} = f(\overline{1})^s * f(\overline{1})^t = f(\overline{s}) * f(\overline{t})$$

가 성립한다.

문제 3.13

다음 물음에 답하라.

(1) 군 준동형사상 $f : \mathbb{Z}_{10} \to \mathbb{Z}_{16}$을 모두 찾아라.

(2) 군 준동형사상 $f : \mathbb{Z}_4 \to \mathbb{Z}_3 \times \mathbb{Z}_4$를 모두 찾아라.

풀이 (1) $f(1) = a$이라 하자. 그러면 $0 = f(10) = 10a \Rightarrow 16|10a \Rightarrow 8|a$이다. 따라서 $a \in \{0, 8\}$이다.

(2) $f(\overline{1}) = (\overline{x}, \overline{y}) \Rightarrow f(0) = f(4 \cdot \overline{1}) = 4(\overline{x}, \overline{y}) = (4\overline{x}, \overline{0}) \Rightarrow 3|4x \Rightarrow 3|x \Rightarrow f(\overline{1}) = (0, \overline{y})$이다. 그러므로 $y \in \{0, 1, 2, 3\}$으로 4가지이다. □

문제 3.14

위로의 군 준동형사상 $f : G \to G'$에 대하여 G가 가환이면 G'도 가환임을 증명하라.

풀이 $\forall f(a), f(b) \in G' \Rightarrow f(a) *' f(b) = f(a * b) = f(b * a) = f(b) *' f(a)$이고 f는 위로의 함수이므로 G'은 가환이다. □

3.1.3 짝치환과 교대군

대칭군 S_n의 짝치환(가로 사다리의 개수가 짝수)들의 부분집합을 A_n이라 하자. 짝치환의 곱은 짝치환이다. 왜냐하면 두 원소를 이항연산 후에도 가로 사다리의 개수는 여전히 짝수 개이기 때문이다. 따라서 A_n은 S_n의 부분군(**교대군(alternating group)**)이다. 한편, $B_n = S_n \setminus A_n$은 홀치환의 집합이고 $A_n \cap B_n = \emptyset$, $A_n \sqcup B_n = S_n$이다. 치환 $(12) \in S_n$에 대하여 대칭군 S_n에서의 함수를

$$f : S_n \to S_n,\ f(\sigma) = (12) \circ \sigma$$

라 하면 $f \circ f = \mathrm{id}_{S_n}$이므로 f는 일대일대응이다. 그리고 두 집합의 정의로부터 $f(A_n) = B_n$이다. 따라서 $n! = |S_n| = |A_n| + |B_n| = 2|A_n| \Rightarrow |A_n| = \frac{n!}{2}$이다.

문제 3.15

대칭군 S_n 에서 곱셈군 $\{-1, 1\}$ 로의 함수를

$$f : S_n \to \{-1, 1\}, \ f(\sigma) = \text{sgn}(\sigma)$$

로 정의하면 f 는 군 준동형사상임을 보이라. 그리고 역상 $f^{-1}(\{1\})$ 을 말하라.

풀이 등식 $\text{sgn}(\sigma\tau) = \text{sgn}(\sigma)\text{sgn}(\tau)$ 가 성립하는 것은 치환을 사다리 타기로 이해하면 바로 확인할 수 있다. 따라서 f 는 군 준동형사상이다. 그리고 역상은 $f^{-1}(\{1\}) = A_n$ 이다. □

문제 3.16 **탐구문제**

교대군 A_n 에 대하여 다음 물음에 답하라.

(1) 교대군 A_2 와 A_3 은 모두 순환군임을 확인하라.

(2) $A_4 = \{(1), (123), (132), (124), (142), (134), (143), (234), (243), \boxed{\text{(a)}}, \boxed{\text{(b)}}, \boxed{\text{(c)}}\}$ 에 대하여 (a), (b), (c) 에 해당하는 짝치환을 찾아라.

(3) 교대군 A_4 에는 위수가 6 인 부분군이 존재하지 않음을 증명하라.

풀이 (1) $A_2 = \{(1)\}$ 이고 $A_3 = \{(1), (123), (132)\}$ 이다.

(2) $(a) = (12)(34)$, $(b) = (13)(24)$, $(c) = (14)(23)$ 이다.

(3) 위수가 6 인 부분군을 H 라 하면 부분군 H 로부터 A_4 의 분할은 $A_4 = H \cup bH$, $\forall b \in A_4 \setminus H$ 이다. 그런데 $b^2 \in bH \Rightarrow b \in H$ 가 되어 모순이므로 $b^2 \in H$ 이다. 그러므로 교대군 A_4 의 임의의 원소에 대하여 $b^2 \in H$ 이다. 직접 b^2 을 셈하면 $|H| > 6$ 으로 모순이다. □

3.1.4 연습문제

3.1.1. (2007) 다이히드럴 군 $D_3 = \langle a, b \mid a^2 = b^3 = 1, a^{-1}ba = b^{-1} \rangle$ 과 대칭군 $S_3 = \langle (12), (123) \rangle$ 이 동형임을 보이라. 단, $\langle S \rangle$ 는 집합 S 의 원소들의 이항연산으로 생성되는 군을 뜻한다.

3.1.2. 단원군 $G = \mathbb{Z}_{20}^*$에는 위수가 4인 순환 부분군 C와 순환군이 아닌 부분군 H가 각각 존재한다. 군 C와 H의 예를 찾아라.

3.1.3. 서로소인 두 자연수 m과 n에 대하여 군 동형사상 $f : \mathbb{Z}_m \times \mathbb{Z}_n \to \mathbb{Z}_{mn}$의 함숫값 $f(1,1)$로 가능한 개수를 구하라.

3.1.4. $f : G \to G'$가 동형사상이면 역함수 $f^{-1} : G' \to G$도 동형사상임을 보이라.

3.1.5. 군 $(\mathbb{Q}, +)$와 $(\mathbb{R}, +)$는 서로 동형이 아님을 보이라.

3.1.6. 위수가 $|G| \geq 3$인 비가환군 G의 자기동형군의 위수는 $|\mathrm{Aut}(G)| \geq 2$임을 보이라.

3.1.7. 유한군 G의 군 동형사상 $f : G \to G$에 대하여 조건

$$f(x) = x \Rightarrow x = e \text{ 이고 } f(f(g)) = g,\ \forall g \in G$$

가 동시에 성립한다. 다음 물음에 답하라.

(1) $h : G \to G$, $h(x) = x^{-1}f(x)$라 하면 h는 일대일대응임을 보이라.

(2) $f(g) = g^{-1}, \forall g \in G$임을 보이라.

(3) G는 가환군임을 증명하라.

3.1.8. 서로소인 자연수 n과 m에 대하여 $f : \mathbb{Z}_n \to \mathbb{Z}_m$의 군 준동형사상을 모두 찾아라.

3.1.9. 군 준동형사상 $f : A_4 \to (\mathbb{Z}_2, +)$는 상수함수뿐임을 증명하는 과정이다. 빈칸에 알맞은 기호나 용어를 채우라.

증명) f가 위로의 함수라 하자. 고정된 $\tau \in f^{-1}(1)$에 대하여 $\sigma \in f^{-1}(1) \Rightarrow f(\tau\sigma) =$ (가) $= 0 \Rightarrow \tau\sigma \in f^{-1}(0)$이다. 즉, 함수 $\Phi : f^{-1}(1) \to f^{-1}(0)$, $\sigma \mapsto \tau\sigma$가 있다. 그런데 ...(중략)...이므로 Φ는 (나)이다. 따라서 $\|f^{-1}(0)\| = \|f^{-1}(1)\|$이고 $f^{-1}(0) \cup f^{-1}(1) = A_4$이므로 $\|f^{-1}(0)\| = 6$이다. 그런데 (다)이므로 $f^{-1}(0)$은 교대군 A_4의 부분군이다. 이것은 문제 3.16의 (3)에 모순이다.

3.1.10. 대칭군 S_n 안의 길이가 3인 치환 (abc)에 대하여 등식

$$(a\ b\ c) = (d\ a\ c)^{-1}(c\ e\ b)^{-1}(d\ a\ c)(c\ e\ b)$$

가 성립함을 보이라. 단, a, b, c, d, e는 서로 다른 자연수이고 $n \geq 5$이다.

3.1.11. (탐구문제) 교대군 A_n 안의 임의의 원소는 길이가 3인 순환치환의 곱으로 표시할 수 있음을 보이라. 단, $n \geq 3$이다.

3.1.12. 교대군 A_4의 짝치환 (123)에 대한 켤레류 $g(123)g^{-1}$, $g \in A_4$의 개수를 구하라.

3.1.13. 군 G에 대해서 사상 $f\colon G \to G,\ g \mapsto g^{-1}$가 군 준동형사상이면 G가 가환군임을 보이라.

3.1.14. 덧셈군 $\mathbb{Z}_{12}$에서 $\mathbb{Z}_{30}$으로 가는 준동형사상의 개수를 구하라.

3.1.15. (2009) 다음 명제의 진위를 판정하고 이유를 설명하라.

(1) 위수가 6인 순환하지 않는 모든 유한군은 비가환군이다.

(2) 위수가 8인 군은 가환군이다.

3.2 상집합과 상군

이 단원에서는 상집합에 정의할 수 있는 자연스러운 이항연산에 대해 탐구할 것이다. 논의에 앞서 군 준동형사상으로 유도되는 부분군을 생각해보자. 벡터공간의 선형사상에 대한 논의와 유사하다.

3.2.1 제 I 동형정리

준동형사상 $f : G \to G'$의 함숫값이 항등원인 정의역의 부분집합 $\ker(f) = \{g \in G \mid f(g) = e'\}$를 사상 f의 **핵(kernel)**이라 한다. 그리고 군 준동형사상 f의 **치역(또는 상, image)**은 $\mathrm{im}(f) = \{f(g) \mid g \in G\}$로 쓰자.

도움정리 3.17

준동형사상 $f : G \to G'$에 대하여 부분집합 $\ker(f)$와 $\mathrm{im}(f)$는 모두 부분군이다.

증명 먼저 $f(e) = f(e*e) = f(e)*' f(e) \Rightarrow f(e) = e'$이므로 $e \in \ker(f)$이고 $e' \in \mathrm{im}(f)$이다. 한편, $e' = f(e) = f(a * a^{-1}) = f(a) *' f(a^{-1}) \Rightarrow f(a^{-1}) = f(a)^{-1}$이다. 따라서 $\forall g_1, g_2 \in \ker(f) \Rightarrow f(g_1 * g_2^{-1}) = f(g_1) *' f(g_2)^{-1} = e' *' e'^{-1} = e' \Rightarrow g_1 * g_2^{-1} \in \ker(f)$이다. 그리고 $\forall f(g_1), f(g_2) \in \mathrm{im}(f) \Rightarrow f(g_1) *' f(g_2)^{-1} = f(g_1 * g_2^{-1}) \in \mathrm{im}(f)$이다. □

명제 3.18

군 준동형사상 $f : G \to G'$가 일대일함수일 필요충분조건은 $\ker(f) = \{e\}$이다.

증명 ($\Leftarrow$) $f(g_1) = f(g_2) \Rightarrow f(g_1) * f(g_2)^{-1} = f(g_1 * g_2^{-1}) = e \Rightarrow g_1 * g_2^{-1} = e \Rightarrow g_1 = g_2$이다. ($\Rightarrow$) $g \in \ker(f) \Rightarrow f(g) = e' = f(e) \Rightarrow g = e$이다. □

명제 3.19

군 준동형사상 $f : G \to G'$의 핵이 $\ker(f) = \{e\}$이면 $G \cong \mathrm{im}(f)$이다.

증명 명제 3.18에 의해 함수 f는 일대일이다. 그리고 $f : G \to \mathrm{im}(f)$는 위로의 함수이다. 따라서 $G \overset{f}{\cong} \mathrm{im}(f)$이다. □

이 단원의 주요 내용을 쓸 준비가 되었다.

명제 3.20

부분군 $\ker(f)$에 의한 군 G의 상집합 $G/\sim$과 치역 $\mathrm{im}(f)$ 사이에는 일대일대응

$$\overline{f} : G/\sim \xrightarrow{1:1} \mathrm{im}(f) < G', \ \bar{f}([x]) = f(x)$$

가 존재한다.

증명 **부분군** $\ker(f)$**에 의한 상집합**은 $G/\sim = \{[g] \mid \forall g \in G\}$이다.

$$\begin{aligned}[g_1] = [g_2] \Leftrightarrow g_1 \sim g_2 \Leftrightarrow g_1 \ker(f) = g_2 \ker(f) \Leftrightarrow g_1^{-1} * g_2 \in \ker(f) \\ \Leftrightarrow f(g_1^{-1} * g_2) = e' \Leftrightarrow f(g_1) = f(g_2)\end{aligned}$$

따라서 함수 $\overline{f}$는 일대일이다. □

명제 3.20의 증명과정을 살펴보면 부분군에 의한 상집합은 곧 함숫값에 의한 상집합과 같다는 것을 알 수 있다(명제 1.19). 한편, 명제 3.20에 의해 $G/\sim$과 $\mathrm{im}(f)$는 일대일대응이고 치역 $\mathrm{im}(f)$는 군이므로 상집합에 군의 개념(이항연산)을 생각해보는 것은 자연스러운 사고의 확장이다. 다시 말해,

명제 3.20의 함수 $\overline{f}$가 동형사상이 되도록 상집합 $G/\sim$에 이항연산을 주는 방법은 무엇일까?

이 질문에 대한 대답은 **필요**로부터 찾을 수 있다. $G/\sim$의 이항연산을 $\overline{*}$이라 할때 $\overline{f}$가 준동형사상이라면

$$\begin{aligned}\overline{f}([g_1]\overline{*}[g_2]) &= \overline{f}([g_1]) *' \overline{f}([g_2]) \\ &= f(g_1) *' f(g_2) = f(g_1 * g_2) \\ &= \overline{f}([g_1 * g_2])\end{aligned}$$

이어야 한다. 그런데 $\overline{f}$가 일대일함수이므로 상집합 $G/\sim$의 이항연산을

$$[g_1]\overline{*}[g_2] = [g_1 * g_2] \tag{3.1}$$

와 같이 정의하자. 즉, 상집합에서의 이항연산을 상집합 안의 원소인 좌잉여류 $[g] = g\ker(f)$에 대한 대표원의 연산을 군 G에서 한 후 그것의 좌잉여류를 이항연산의 결과라고

하자. 문제는 상집합의 이항연산 (3.1)에서 대표원의 선택에 무관하게 연산 결과가 같은지를 보장받아야 한다.

도움정리 3.21

$g_1 \sim g_1'$ 이고 $g_2 \sim g_2'$ 이면 $g_1 * g_2 \sim g_1' * g_2'$ 이다.

증명 명제 3.20의 증명과정으로부터 $f(g_1) = f(g_1')$ 이고 $f(g_2) = f(g_2')$ 이다. 양변을 각각 연산하면 f 군 준동형사상이므로 $f(g_1 * g_2) = f(g_1' * g_2')$ 이다. 따라서 $g_1 * g_2 \sim g_1' * g_2'$ 이다. □

예제 3.22

$$f : \mathbb{Z} \to \mathbb{Z}_3,\ n \mapsto \overline{n}$$

에서 $f(n+m) = \overline{n+m} = \overline{n} + \overline{m} = f(n) + f(m)$ 이므로 준동형사상이고 위로의 사상이다. 그리고 $\ker(f) = 3\mathbb{Z}$ 이다. 상집합 $\mathbb{Z}/\!\sim$ 의 이항연산은

$$(g_1 + 3\mathbb{Z}) + (g_2 + 3\mathbb{Z}) = (g_1 + g_2) + 3\mathbb{Z}$$

로 정의하면 군을 이룬다는 것이 위의 연산방법 (3.1)의 한 예이다.

이상으로 다음의 결과를 얻는다.

정리 3.23 제 I 동형정리

군 준동형사상 $f : G \to G'$ 에 대하여

(1) 부분군 $\ker(f)$ 에 의한 상집합 $G/\!\sim$ 은 이항연산 $(\overline{*}, (3.1))$ 에 대하여 군이다. 이때, $[e] \in G/\!\sim$ 은 항등원이고 $[g] \in G/\!\sim$ 의 역원은 $[g^{-1}]$ 이다.

(2) 동형사상은

$$(G/\!\sim, \overline{*}) \overset{\overline{f}}{\cong} (\mathrm{im}(f), *'),\ x\ker(f) \mapsto f(x)$$

이다.

(3) 특히, 군 G 가 유한이면 $[G : \ker(f)] = |G/\sim| = |\mathrm{im}(f)|$ 이므로 $|G| = |\ker(f)||\mathrm{im}(f)|$ 이다.

예제 3.24

군 준동형사상 $f : S_n \to \{-1, 1\}$, $f(\sigma) = \mathrm{sgn}(\sigma)$를 치환의 부호로 정의하면 $\ker(f) = A_n$이다. 그러므로 교대군 A_n은 S_n의 부분군이다. 뿐만 아니라 f는 위로의 함수이므로 제 I 동형정리과 라그랑주 정리로부터 $|S_n/\sim| = [S_n : A_n] = |\mathrm{im}(f))| = 2$이므로 $|A_n| = \frac{n!}{2}$이다.

문제 3.25

두 유한군 G와 G'에 대하여 $(|G|, |G'|) = 1$이면 $f : G \to G'$는 상수함수임을 보이라.

풀이 제 I 동형정리로부터 $|\ker(f)|\,|\mathrm{im}(f)| = |G|$이고 라그랑주 정리로부터 $|\mathrm{im}(f)| \mid |G'|$이므로 $|\mathrm{im}(f)| \mid (|G|, |G'|) = 1 \Rightarrow \mathrm{im}(f) = \{e'\}$이므로 상수함수이다. □

유한군 G의 연산표의 각 행은 원소의 위치를 바꾸는 것으로 이해하면 임의의 유한군은 대칭군의 부분군으로 간주할 수 있다.

예제 3.26 **케일리 정리(Cayley theorem)**

위수가 n인 유한군 $G = \{x_1, x_2, \cdots, x_n\}$에 대하여 대칭군을

$$S_n = \{f : G \to G \mid f : \text{단사함수}\}$$

로 정의하자. 그러면 유한군 G에서 대칭군 S_n으로의 일대일 준동형사상이 존재한다. 고정된 $x \in G$에 대하여 함수

$$\phi_x : G \to G,\ \phi_x(g) = xg$$

로 정의하면 ϕ_x는 일대일(대응)함수이다(소약법칙). $F : G \to S_n$, $F(x) = \phi_x$라 하면 $F(xy) = \phi_{xy} = \phi_x \circ \phi_y = F(x) \circ F(y)$, $\forall x, y \in G$이므로 F는 군 준동형사상이다. 그리고

$$F(x) = \mathrm{id}_G \Rightarrow \phi_x = \mathrm{id}_G \Rightarrow \phi_x(e) = xe = e = \mathrm{id}_G(e) \Rightarrow x = e$$

이다. 즉, $\ker(F) = \{e\}$이므로 군 준동형사상 F는 일대일이다. 그러므로 $G \cong$

$\mathrm{im}(F) < S_n$ 이다.

케일리 정리로부터 위수가 n인 유한군은 항상 대칭군의 부분군으로 이해할 수 있다. 문제는 대칭군의 위수가 $n!$으로 너무 크다는 것이다. 예를 들어, $|G| = 5$이면 고려해야 할 대칭군의 위수는 $|S_5| = 5! = 120$이므로 연산표의 크기는 120×120이다.

문제 3.27 **탐구문제**

대칭군

$$S_3 = \left\{x_1 = (1), x_2 = (12), x_3 = (23), x_4 = (31), x_5 = (123), x_6 = (132)\right\}$$

에 케일리 정리를 적용하라. 즉, 대칭군 S_3에서 대칭군 S_6으로의 일대일 준동형사상을 찾아라.

풀이 케일리 정리에 의한 함수는 $F(x) = \phi_x$, $\phi_x(x_i) = x \circ x_i$로 정의된다. 따라서 각각의 $x \in S_3$에 대하여 함숫값(즉, 치환) $F(x)$를 구하면

$$F(x_1) = \begin{bmatrix} x_1 & x_2 & x_3 & x_4 & x_5 & x_6 \\ x_1 & x_2 & x_3 & x_4 & x_5 & x_6 \end{bmatrix}, \ F(x_2) = \begin{bmatrix} x_1 & x_2 & x_3 & x_4 & x_5 & x_6 \\ x_2 & x_1 & x_5 & x_6 & x_3 & x_4 \end{bmatrix},$$

$$F(x_3) = \begin{bmatrix} x_1 & x_2 & x_3 & x_4 & x_5 & x_6 \\ x_3 & x_6 & x_1 & x_3 & x_4 & x_2 \end{bmatrix}, \ F(x_4) = \begin{bmatrix} x_1 & x_2 & x_3 & x_4 & x_5 & x_6 \\ x_4 & x_5 & x_6 & x_1 & x_2 & x_3 \end{bmatrix},$$

$$F(x_5) = \begin{bmatrix} x_1 & x_2 & x_3 & x_4 & x_5 & x_6 \\ x_5 & x_4 & x_2 & x_3 & x_6 & x_1 \end{bmatrix}, \ F(x_6) = \begin{bmatrix} x_1 & x_2 & x_3 & x_4 & x_5 & x_6 \\ x_6 & x_3 & x_4 & x_2 & x_1 & x_5 \end{bmatrix}$$

이다. 대칭군 S_3는 x_2와 x_5로 생성(거듭제곱과 이항연산)되므로 $S_3 \cong \mathrm{im}F < S_5$는 이것의 함숫값인 $F(x_2) = (12)(35)(46)$과 $F(x_5) = (156)(243)$으로 생성된다. □

3.2.2 상군의 뜻

상집합에 이항연산 (3.1)을 정의하고자 할 때, 부분군 $\ker(f)$의 좌잉여류 동치관계와 함수 f로부터 유도되는 동치관계가 같다는 관찰이 핵심적이었다(명제 3.20). 이로부터 표준 사영함수 $\pi : G \to G/\sim$은 군 준동형사상이다. 상집합에서의 이항연산을 일반화 하기 위해서는 군 G의 부분군을 자세히 살펴보아야 한다. 즉,

> G의 **임의의 부분군** H에 대하여 좌잉여류들의 집합 $G/\sim$에 이항연산을 (3.1)과 같은 방법, 즉 대표원의 연산으로 정의했을 때 상집합이 비자명한 군이 되도록 할 수 있는가?

대답은 아니오!이다. 대칭군 S_3 안의 부분군 $H = \{(1), (12)\}$에 대하여 좌잉여류의 집합(상집합)

$$G/\sim = \{H, (123)H, (132)H\} = \{H, (13)H, (23)H\} \tag{3.2}$$

를 생각하자. 식 (3.2)의 두 번째 등호는 $(123)H = \{(123), (13)\} = (13)H$, $(132)H = \{(132), (23)\} = (23)H$이므로 성립한다.

사고 1. 만약 $G/\sim$에 위에서와 같은 방식의 연산이 정의되려면 서로 다른 두 대표원을 선택 후 연산하여도 같은 좌잉여류가 나와야 한다. 그러나,

$$(123)H\bar{\circ}(132)H = (123)\circ(132)H \neq (13)\circ(23)H = (13)H\bar{\circ}(23)H$$

이다. 왜냐하면 $(123)\circ(132) = (1), (13)(23) = (132) \Rightarrow (1)H \neq (132)H$이기 때문이다.

사고 2. 상집합 $G/\sim$이 군이라면 위수는 3이므로 나올 수 있는 연산표는 순환군 $\mathbb{Z}_3$과 같다. 그런데 $\mathbb{Z}_3$의 원소의 특징 중 하나는 항등원이 아니면 위수는 3이다. 그러나 등식 (3.2)의 두 번째의 좌잉여류 집합에서 $(13)H\bar{\circ}(13)H = (13)\circ(13)H = (1)H = H$가 되어 위수는 2이므로 모순이다.

대표원의 선택과 무관하게 같은 동치류가 될 필요충분조건은 다음과 같다.

도움정리 3.28

부분군 $H < G$에서 좌잉여류 동치관계(정의 2.27)에 대하여

$$g_1 \sim g_1',\ g_2 \sim g_2' \Rightarrow g_1 * g_2 \sim g_1' * g_2'$$

가 성립할 필요충분조건은 $\forall g \in G,\ h \in H \Rightarrow g * h * g^{-1} \in H$이다.

증명 (⇒) $h \in H \Rightarrow h^{-1} \sim e$이고 $e \in H \Rightarrow g^{-1} \sim g^{-1}$이므로 $h^{-1} * g^{-1} = (g*h)^{-1} \sim e * g^{-1} = g^{-1} \Leftrightarrow g * h * g^{-1} \in H$ 이다.

(⇐) 조건으로부터 $g_1^{-1} * g_1' \in H, g = g_2^{-1} \Rightarrow (g_2)^{-1} * (g_1^{-1} * g_1') * g_2 \in H$이므로 $((g_2)^{-1} * (g_1^{-1} * g_1') * g_2) * (g_2^{-1} * g_2') = (g_1 * g_2)^{-1} * (g_1' * g_2') \in H \Rightarrow g_1 * g_2 \sim g_1' * g_2'$ 이다. □

도움정리 3.28의 성질을 만족하는 부분군에 이름을 붙여보자.

정의 3.29 정규 부분군 (normal subgroup)

군 G의 부분군 N에 대하여 조건

$$\forall g \in G, n \in N \Rightarrow g * n * g^{-1} \in N$$

이 성립하면 N을 G의 **정규 부분군**이라 하고, 기호는 $N \lhd G$ (또는 $G \rhd N$)로 표시한다.

부분군 N이 G가 정규 부분군이면 상집합 $(G/\sim, \overline{*})$은 $(G/N, \overline{*})$으로 표시하여 정규 부분군 N을 강조한다. 물론 연산의 정의는 (3.1)와 같이 대표원소 사이의 연산으로 정의한다. 즉,

$$(g_1N)\overline{*}(g_2N) = (g_1 * g_2)N \tag{3.3}$$

이다. 이 대응이 이항연산이라는 것을 도움정리 3.28이 보장하고 있다. 표준사영함수도 앞의 논의(함수에 의한 상집합 v.s. 좌잉여류에 의한 상집합)를 거쳐 군 준동형사상이다.

명제 3.30 상군 (quotient group)의 정의와 성질

군 G의 정규 부분군 N에 대하여 상집합 G/N은 이항연산 (3.3)으로부터 군이다. 그리고

(1) 상군 G/N의 항등원은 $eN = N$이고 gN의 역원은 $g^{-1}N$이다.

(2) 표준사영함수는

$$\pi : G \to G/N,\ \pi(g) = [g] = gN$$

은 위로의 군 준동형사상이다.

증명 조건이 만족되도록 상집합에 이항연산을 정의하였다. □

예제 3.31

대칭군 S_3에서 부분군 $H = \{(1), (123), (132)\}$, $K = \{(12)\}$라 하면 S_3/H는 의미 있는 기호이다. 하지만 S_3/K는 의미 없는 기호이다.

예제 3.32

G가 가환군이면 임의의 부분군 H는 정의로부터 정규 부분군이므로 G/H는 군을 이룬다. 예를 들어, $\mathbb{Z}_2 \times \mathbb{Z}_3$ 안의 부분군 $H = \{(0,0), (1,0)\}$ $(\cong \mathbb{Z}_2)$으로 두면,

$$\mathbb{Z}_2 \times \mathbb{Z}_3/H = \{H, (1,1)+H, (1,2)+H\}$$

이다. 그런데, 위수가 3인 군은 항상 $(\mathbb{Z}_3, +)$와 같은 연산표를 가진다는 것에 착안하여

$$f : \mathbb{Z}_2 \times \mathbb{Z}_3/H \to \mathbb{Z}_3,\ f(H) = 0,\ f((1,1)+H) = 1,\ f((1,2)+H) = 2$$

라 하면 동형함수이다. 따라서 $\mathbb{Z}_2 \times \mathbb{Z}_3/H \cong \mathbb{Z}_3$이다.

문제 3.33

임의의 $g \in G$에 대하여 $\pi^{-1}([g]) = gN$임을 보이라. 특히, $\ker(\pi) = N$이다.

풀이 $g' \in \pi^{-1}([g]) \Leftrightarrow \pi(g') = [g] \Leftrightarrow [g'] = [g] \Leftrightarrow g' \in [g] = gN$이다. □

소약법칙으로부터 G가 유한군이면 표준사영사상 $\pi : G \to G/N$의 역상의 원소의 개수는 항상 $|\ker(\pi)| = |N|$으로 일정하다.

문제 3.34

유한군 G, G'와 위로의 군 준동형사상 $f : G \to G'$에 대하여

$$|f^{-1}(g_1)| = |f^{-1}(g_2)|,\ \forall g_1, g_2 \in G'$$

가 성립함을 보이라.

풀이 제 I 동형정리로부터 $G/\sim$와 G'는 $\overline{f}$로부터 일대일대응이다. 역상의 개수만 비교하는 것이므로 $G' = G/\ker(f)$로 가정해도 된다($f = \overline{f} \circ \pi$). 표준사영사상 $\pi : G \to G/\ker(f)$의 각각의 원소의 역상은 $\pi^{-1}(g\ker(f)) = g\ker(f)$이고 소약법칙으로부터 $|g\ker(f)| = |\ker(f)|$이므로 역상의 원소의 개수는 서로 같다. □

문제 3.35 **탐구문제**

곱집합 $\mathbb{Z} \times \mathbb{Z}$에 연산을

$$(x_1, y_1) * (x_2, y_2) = (x_1 + (-1)^{y_1} x_2, y_1 + y_2)$$

로 정의할 때, 다음 부분집합들이 정규 부분군인지 판별하라.

$$H_1 = \{(x, 0) \mid x \in \mathbb{Z}\},\ H_2 = \{(0, y) \mid y \in \mathbb{Z}\},\ H_3 = \{(x, x) \mid x \in \mathbb{Z}\}.$$

문제 3.36 **탐구문제**

다이히드럴 군 $D_4 = \{r^0, r, r^2, r^3, s, sr, sr^2, sr^3\}$에 대하여 다음 물음에 답하라. 단, $r = (1234)$이고 $s = (24)$이다.

(1) $\langle r \rangle \lhd D_4$임을 증명하라.

(2) 상군 $D_4/\langle r \rangle$과 $\mathbb{Z}_2$ 사이의 동형사상을 말하라.

풀이 (1) $D_4 = \langle r \rangle \cup s\langle r \rangle$로 표기하자. $g = r^i, n = r^j \Rightarrow gng^{-1} = n \in \langle r \rangle$이다. $g = sr^i$이면 $gr^kg^{-1} = sr^ir^kr^{-i}s^{-1} = sr^ks^{-1} = r^{-k}ss^{-1} = r^{-k} \in \langle r \rangle$이다.

(2) 상군 $D_4/\langle r \rangle = \{\langle r \rangle, s\langle r \rangle\}$에 대하여 함수 $f : D_4/\langle r \rangle \to \mathbb{Z}_2,\ f(\langle r \rangle) = \overline{0},\ f(s\langle r \rangle) = \overline{1}$로 정의하면 동형사상이다. □

3.2.3 정규 부분군의 표현

상집합이 주요 관심 대상이라면 정규 부분군을 확인하는 방법도 상집합의 원소로 쓰고 논의하는 것이 더 자연스럽다. 그런 면에서 다음은 의미 있는 명제이고 효율적인 논의를 가능하게 한다.

명제 3.37

부분집합 $X \subset G$에 대하여 $Xg = \{xg \mid x \in X\}$으로 정의할 때, 다음 세 조건은 서로 필요충분관계이다.

(1) $N \triangleleft G$.

(2) $gN = Ng,\ \forall g \in G$.

(3) $gNg^{-1} \subset N,\ \forall g \in G$.

증명 (1) $\Leftrightarrow$ (2) 임의의 $g \in G$와 $n \in N$에 대하여 $N \triangleleft G$이므로 $gng^{-1} \in N$이다. 즉, $gng^{-1} = n', \exists n' \in N \Rightarrow gn = n'g \in Ng$. 즉, $gN \subset Ng$이다. 그리고 $g^{-1} \in G$이고 $N \triangleleft G$이므로 $g^{-1} * n * (g^{-1})^{-1} = g^{-1} * n * g \in N \Rightarrow g^{-1} * n * g = n'', \exists n'' \in N \Rightarrow ng = gn'' \in gN$. 즉, $Ng \subset gN$이다. 역으로 $g * n \in gN = Ng \Rightarrow g * n = n' * g \Rightarrow g * n * g^{-1} = n' \in N$이다.

(2) $\Leftrightarrow$ (3) $gN = Ng \Leftrightarrow gNg^{-1} = N$이므로, $gNg^{-1} \subset N$이다. 역으로 $gNg^{-1} \subset N \Rightarrow gN \subset Ng$이고 $(g^{-1})N(g^{-1})^{-1} = g^{-1}Ng \subset N \Rightarrow Ng \subset gN$이므로 $gN = Ng$이다. □

명제 3.37의 증명과정의 핵심은 $g * n$의 연산 순서를 뒤집어 $n * g$라고 할 수 없지만 $g * n = n' * g$인 어떤 $n' \in N$이 존재한다는 점이다. 한편, 명제 3.37의 증명과정에서 나온 좌잉여류에 대칭되는 개념을 정립하자.

문제 3.38 우잉여류와 상집합

부분군 $H \leq G$에 대하여 관계

$$g_1 \sim g_2 \Leftrightarrow g_1 * (g_2)^{-1} \in H$$

는 **동치관계**임을 보이라. 따라서

(1) 군 G는 $G = \bigsqcup_{g \in G} [g]$로 분할되고 $[g] = Hg$이다.

(2) $|Hg| = |H|,\ \forall g \in G$이므로 $|H| \mid |G|$이다. 따라서 $|G/\sim| = [G : H]$이다.

부분군 $H < G$에대하여 $Hg,\ g \in G$를 **우잉여류(right coset) 집합**이라 한다.

문제 3.39

우잉여류 집합의 원소 개수는 좌잉여류의 집합의 원소의 개수가 일치함을 보이라.

풀이 위의 과정에서 나오는 우잉여류의 개수는 $\frac{|G|}{|H|}$이다. 이것은 좌잉여류에서와 마찬가지이다. □

G의 부분군 N이 G의 정규 부분군일 필요충분조건은 좌잉여류와 우잉여류가 일치(명제 3.37)할 때이다.

명제 3.40

지표가 $[G : N] = 2$이면 $N \lhd G$이다.

증명 군 G를 부분군 N에 대한 좌잉여류와 우잉여류로 각각 분할하면

$$\forall g \in G \setminus N \Rightarrow G = N \cup gN = N \cup Ng$$

이다. 따라서 $gN = Ng$이다. 만약 $g \in N \Rightarrow gN = N = Ng$이다. 그러므로 $N \lhd G$이다. □

$[G : N] \geq 3$이면 N은 G의 정규 부분군이 아닐 수도 있다($\langle(12)\rangle < S_3$).

문제 3.41

군 준동형사상 $f : G \to G'$에 대하여 $\ker(f) \lhd G$임을 보이라.

풀이

$$\begin{aligned} g\ker(f)g^{-1} &= \{gng^{-1} \mid n \in \ker(f)\} \\ &\Rightarrow f(gng^{-1}) = f(g)f(n)f(g)^{-1} = e \\ &\Rightarrow g\ker(f)g^{-1} \subset \ker(f). \end{aligned}$$

□

예제 3.42

다이히드럴 군 $D_p = \langle r\rangle \cup s\langle r\rangle$, $r^p = s^2 = e$, $sr = r^{-1}s$ (p는 홀수인 소수)의 (정규) 부분군 H를 모두 찾아보자. 라그랑주 정리로부터 부분군 H의 위수는

$|H| = 1,\ 2,\ p,\ 2p$이다.

(1) $|H| = 1$ 또는 $2p$이면 $H = \{e\}$ 또는 D_p이다.

(2) $|H| = 2$이면 H는 순환군이다. 따라서 위수 2인 원소를 모두 찾으면 된다. 실제로 $\text{ord}(sr^i) = 2,\ 0 \le i \le p-1$이다.

(3) $|H| = p$이면 부분군 H는 순환군 $\mathbb{Z}_p$와 동형이다. 따라서 $H = \langle r \rangle$이다.

(1)과 (3)의 부분군은 정규 부분군이다. 왜냐하면 $[G : \langle r \rangle] = 2$이므로 $\langle r \rangle \lhd G$이기 때문이다. 하지만 (2)의 부분군은 모두 정규 부분군이 아니다($\because i \neq 0 \Rightarrow s(sr^i)s^{-1} = r^i s \notin \{e, sr^i\}$이고 $r(s)r^{-1} \notin \{e, s\}$).

정규 부분군 개념은 **추이적(transitive)**이지 않다. 즉, $K \lhd H$, $H \lhd G$이지만 $K \lhd G$가 아닐 수 있다. 예를 들면, $\langle s \rangle \lhd \{e, r^2, s, sr^2\} \lhd D_4$이지만 $\langle s \rangle$는 D_4에서 정규 부분군이 아니다.

3.2.4 연습문제

3.2.1. $f\colon \mathbb{Z}_{12} \to \mathbb{Z}_3$, $f(1) = 2$인 준동형사상이라 하자. 다음 물음에 답하라.

(1) f의 핵 K를 구하라.

(2) 상군 $\mathbb{Z}_{12}/K$의 원소를 원소나열법으로 제시하라.

3.2.2. $N \lhd G$이면 $N_G(N) = \{g \in G \mid g * N * g^{-1} = N\} = G$임을 증명하라(부언 2.58).

3.2.3. 지표가 $[G : N] = n$인 정규 부분군 $N \lhd G$에 대하여 $g \in G$이면 $g^n \in N$임을 보이라.

3.2.4. 군 준동형사상 $f : A_4 \to (\mathbb{Z}_2, +)$는 상수함수임을 보이라.

3.2.5. (탐구문제) 군 G의 두 부분군 H, K와 원소 $x,\ y \in G$ 대하여 다음 물음에 답하라.

(1) $Hx = Hy$이면 $x^{-1}H = y^{-1}H$임을 보이라.

(2) $Hx = Ky$인 어떤 $x,\ y \in G$가 존재하면 $H = K$임을 보이라.

3.2.6. 위수가 4인 군 $G = \mathbb{Z}_2 \times \mathbb{Z}_2$에 케일리 정리를 적용하라. 일대일 준동형사상 $F : G \to S_4$를 찾아라.

3.2.7. (탐구문제) 대칭군 S_n에 대하여 다음 물음에 답하라.

(1) 순환 치환 $(a_1a_2\cdots a_m)$과 임의의 치환 σ에 대하여 등식

$$\sigma(a_1a_2\cdots a_m)\sigma^{-1} = (\sigma(a_1)\sigma(a_2)\cdots\sigma(a_m))$$

이 성립함을 증명하라.

(2) 대칭군 S_5 안의 원소 $\tau = (53241)$에 대하여 다음 등식이 성립하도록 하는 치환 σ_i를 하나씩 찾아라.

$$\sigma_1\tau\sigma_1^{-1} = (14523),\ \sigma_2^{-1}\tau\sigma_2 = (23415)^{-1}$$

(3) 대칭군 S_4 안의 원소 $\tau = (12)(34)$에 대하여 등식 $\sigma_3\tau\sigma_3^{-1} = (123)$이 성립시키는 치환 σ_3이 존재하는지 판정하라.

3.2.8. 유한군 G의 군 준동형사상 $f : G \to G$에 대하여 $f(g) = g$인 $g \in G$의 원소의 개수가 $\frac{|G|}{2}$보다 크면 f는 항등 사상임을 보이라.

3.2.9. 다음 물음에 답하라.

(1) $G = \{\begin{pmatrix} a & b \\ 0 & c \end{pmatrix} \mid ac \neq 0, a, b, c \in \mathbb{R}\}$, $N = \{\begin{pmatrix} 1 & b \\ 0 & 1 \end{pmatrix} \mid b \in \mathbb{R}\}$에 대하여, $N \lhd G$임을 보이라.

(2) 대칭군의 곱집합 $G = S_3 \times S_4$에 대하여 부분집합 $N = S_3 \times \{(1)\}$이라 할 때 $N \lhd G$임을 보이라.

3.2.10. X가 G-집합이고 한 원소 $x \in X$에 대하여 $G_x \lhd G$일 때, 다음 물음에 답하라.

(1) 임의의 $g \in G$에 대하여 $G_{g\cdot x} = G_x$가 성립함을 보이라.

(2) 궤도-안정자 정리의 일대일대응이 $G \cdot x \leftrightarrow G/G_x$가 군동형사상이 되도록 궤도 집합 $G \cdot x$에 이항연산을 구성하라.

3.2.11. 군 G의 정규 부분군 N에 대하여 $xy \in N$이면 $yx \in N$임을 보이라. 단, x, $y \in G$이다.

3.2.12. 군 G의 상군 G/N이 가환이면, 임의의 g, $h \in G$에 대하여 $g^{-1}h^{-1}gh \in N$임을 보이라.

3.2.13. (탐구문제) 다음 원소의 위수를 각각 구하라.

(1) $4 + \langle 6 \rangle \in \mathbb{Z}_{18}/\langle 6 \rangle$

(2) $6 + \langle 15 \rangle \in \mathbb{Z}_{60}/\langle 15 \rangle$

3.2.14. (2006) 쿼터니언 군 Q(예제 2.64)의 모든 부분군이 정규 부분군임을 보이라.

3.2.15. 군 G의 부분군 H에 대하여 $\bigcap_{g \in G} gHg^{-1} \lhd G$임을 증명하라.

3.2.16. (정규화 덮개, 도전문제) 등식 $N_G(H) = \bigcup_{H \lhd S \leq G} S$가 성립함을 증명하라.

3.2.17. 자연수 $n \geq 5$이라 하자. 임의의 군 준동형사상 $f : S_n \to S_n$에 대하여 $f(A_n) \leq A_n$임을 보이라. 단, S_n의 정규 부분군은 $\{(1)\}$, A_n, S_n뿐이다.

3.3 제 II 동형정리

앞서 배운 제 I 동형정리를 이용하여 두 가지의 다른 형태의 동형정리를 찾아본다. 동형사상을 구성하는 방법을 주의 깊게 살펴 구체적인 문제 상황에서의 응용력을 기르는 것이 목표이다. 증명 속에 나오는 군 준동형사상들은 항상 자연스러운 방법으로 만들어진다.

3.3.1 제 II 동형정리

군 G의 **부분군** H와 N**의 곱**을 $HN = \{hn \mid h \in H, n \in N\}$이라 하자.

정리 3.43 제 II 동형정리

군 G의 정규 부분군 $N \lhd G$와 부분군 $H \leq G$에 대하여

$$\overline{\phi} : H/(H \cap N) \cong HN/N,\ h(H \cap N) \mapsto hN$$

은 군동형사상이다.

증명 Step 1. HN이 군이고 $N \lhd HN$이다. 왜냐하면

$$h_1n_1, h_2n_2 \in HN \Rightarrow (h_1n_1)(h_2n_2)^{-1} = h_1n_1n_2^{-1}h_2 \in h_1(Nh_2) = h_1h_2N \subset HN$$

이고 $\forall h \in H, n \in N \Rightarrow (hn)N(hn)^{-1} = h(nNn^{-1})h^{-1} = hNh^{-1} = N$이기 때문이다.

Step 2. 함수 $\phi : H \to HN/N, \phi(h) = hN$으로 정의하자.

$$\forall h \in H, n \in N \Rightarrow (hn)N = hN = \phi(h)$$

이므로 함수 ϕ가 위로의 함수이다.

Step 3. 임의의 $h_1,\ h_2 \in H$에 대하여 $\phi(h_1h_2) = h_1h_2N = (h_1N)(h_2N) = \phi(h_1)\phi(h_2)$이므로 ϕ는 군 준동형사상이다. 그리고 $\ker(\phi) = \{h \mid h \in H, hN = N\} = \{h \mid h \in H, h \in N\} = H \cap N$이다. 이상의 논의와 제 I 동형정리로 원하는 결과를 얻는다. □

부언 3.44

정리 3.43의 증명과정으로부터 $\ker(\phi) = H \cap N \lhd H$임을 알 수 있다.

HN이 (부분)군이기 위해 N의 **정규성**은 필수적이다(연습문제 3.3.4). 한편, 제 II 동형 정리와 라그랑주 정리로부터 $\frac{|H|}{|H\cap N|} = \frac{|HN|}{|N|} \Rightarrow |HN| = \frac{|H||N|}{|H\cap N|}$이다. N이 정규 부분군이 아니더라도 이 등식은 여전히 성립한다.

명제 3.45

유한군 G의 부분군 H과 N에 대하여 등식

$$|HN| = \frac{|H||N|}{|H\cap N|} \tag{3.4}$$

이 성립한다.

증명 $H\cap N \leq N$이므로 우잉여류에 의한 동치관계로부터

$$N = (H\cap N)n_1 \cup (H\cap N)n_2 \cup \cdots \cup (H\cap N)n_m, \exists n_i \in N$$

으로 분할된다. 단, $m = [N : H\cap N]$이다. 식의 양변에 H를 곱하면 $H(H\cap N) = H$로부터 $HN = Hn_1 \cup Hn_2 \cup \cdots \cup Hn_m$으로 분할된다. 만약 $n_i \neq n_j$이지만 $Hn_i \cap Hn_j \neq \emptyset$이라 하자. 그러면 $h_1n_i = h_2n_j, \exists h_i \in H \Rightarrow h_2^{-1}h_1 = n_jn_i^{-1} \in H\cap N \Rightarrow (H\cap N)n_i = (H\cap N)n_j$로 모순이기 때문이다. 따라서 $|HN| = |H|m = |H|[N : H\cap N] = |H|(\frac{|N|}{|H\cap N|})$이다. □

문제 3.46

군 G의 정규 부분군 N과 부분군 H에 대하여 $|H| = 8$, $|N| = 40$, $|G| = 200$일 때 $H \subset N$임을 보이라.

풀이 라그랑주 정리로부터 $|H\cap N| \mid |H| = 8$이다. 즉,

$$|H\cap N| = 1,\ 2,\ 4,\ 8 \ \Rightarrow\ |HN| = \frac{8\times 40}{|H\cap N|} = 320,\ 160,\ 80,\ 40$$

이다. 그런데 $|HN| \mid |G| = 200 \Rightarrow |H\cap N| = 8 = |H| \Rightarrow H\cap N = H \Rightarrow H \leq N$이다. □

3.3.2 연습문제

3.3.1. $H \lhd G$이고 $N \lhd G$이면 $HN \lhd G$임을 보이라.

3.3.2. 군 G의 유한 부분군 H, N에 대하여 $(|H|, |N|) = 1$이면 $|HN| = |H||N|$임을 증명하라.

3.3.3. H와 K가 가환군 G의 부분군이면 HK는 G의 부분군임을 보이라.

3.3.4. H, N이 군 G의 부분군이지만 그 곱 HN은 G의 부분군이 아닌 예를 제시하라.

3.3.5. (탐구문제) 다음은 군 작용을 활용하여 등식 (3.4)를 증명하는 과정이다. 빈칸에 알맞은 기호 또는 용어를 채우라.

> 증명) 군 $H \times N$과 집합 $X = HN$에 대하여
>
> $$(H \times N) \times HN \to HN, \ (h, n) \cdot x = hxn^{-1}$$
>
> 으로 대응시키면 이것은 군의 작용이다. 왜냐하면...(중략)...이기 때문이다. 한편, 항등원 $e \in HN$에 대한 $\boxed{\text{(가)}}$-궤도는 $(H \times N) \cdot e = \{hn^{-1} | h \in H, n \in N\} = \boxed{\text{(나)}}$이다. 그리고 $(H \times N)_e = \{(h, n) | (h, n) \cdot e = hen^{-1} = e, h \in H, n \in N\} = \boxed{\text{(다)}}$이다. 따라서 $\boxed{\text{(라)}}$ 정리로부터
>
> $$|(H \times N) \cdot e| \cdot |(H \times N)_e| = \left|\boxed{\text{(나)}}\right| \cdot \left|\boxed{\text{(다)}}\right| = \left|\boxed{\text{(가)}}\right| = |H||N|$$
>
> 이다.

3.3.6. (탐구문제) 덧셈군 $\mathbb{Z}_{24}$의 두 부분군 $H = \langle 4 \rangle$와 $N = \langle 6 \rangle$에 대하여 다음 물음에 답하라.

(1) 집합 HN, $H \cap N$, HN/N 그리고 $H/(H \cap N)$을 각각 원소나열법으로 제시하라.

(2) HN/N과 $H/(H \cap N)$ 사이의 동형사상을 찾아 제 II 동형정리가 성립함을 확인하라.

3.3.7. 군 G의 부분군 K에 대하여 $G = KK^g$인 $g \in G$가 존재하면 $G = K$임을 보이라. 단, $K^g = \{g^{-1}kg \mid k \in K\}$이다.

3.3.8. 군 G의 부분군 N과 H에 대하여 $H < N_G(N)$이면 $HN < G$임을 보이라.

3.3.9. 위수가 $|G| = 8m$인 군 G의 부분군 Q와 P에 대하여 $|P| = 8$, $|Q| = 4$이고 $Q \leq N_G(P)$이면 $Q \leq P$임을 증명하라. 단, m은 홀수이다.

3.4 제 III 동형정리와 대응정리

이 단원에서는 상군들 사이의 관계를 살펴보고, 군과 그것의 상군 안의 부분군들 사이의 대응관계를 탐구한다.

3.4.1 제 III 동형정리

정리 3.47 **제 III 동형정리**

군 G의 정규 부분군 N과 H에 대하여 $N \subset H$일 때

$$\overline{\psi} : G/N/(H/N) \cong G/H,\ (gN)(H/N) \mapsto gH$$

는 군동형사상이다.

증명 대응 $\psi : G/N \to G/H,\ \psi(gN) = gH$라 하자.

Step 1. ψ는 함수이다. 왜냐하면

$$g_1N = g_2N \Rightarrow (g_1)^{-1}g_2 \in N \overset{N \subseteq H}{\Rightarrow} (g_1)^{-1}g_2 \in H \Rightarrow g_1H = g_2H.$$

Step 2. $\psi((g_1N)(g_2N)) = \psi(g_1g_2N) = g_1g_2H = (g_1H)(g_2H) = \psi(g_1N)\psi(g_2N)$이므로 ψ는 군 준동형사상이다. 그리고 임의의 $g \in G$에 대하여 $\psi(gN) = gH$이므로 ψ는 위로의 함수이다.

Step 3. $\ker(\psi) = \{gN | gH = H\} = \{gN | g \in H\} = H/N$이다. 이상의 논의와 제 I 동형정리로부터 정리는 성립한다. □

부언 3.48

정리 3.47의 증명과정에서 $\ker(\psi) = H/N \lhd G/N$이다. 정리 3.47의 조건 중 H의 정규성이 빠지더라도 등식 $[G/N : H/N] = [G : H]$는 여전히 성립(라그랑주 정리)한다.

예제 3.49

정수군 $\mathbb{Z}$의 부분군 $m\mathbb{Z}$와 $n\mathbb{Z}$, $m|n$에 대하여 군 준동형사상 $f : \mathbb{Z}/n\mathbb{Z} \to \mathbb{Z}/m\mathbb{Z}$, $f(r + n\mathbb{Z}) = r + m\mathbb{Z}$는 위로의 사상이고 핵은 $\ker(f) = m\mathbb{Z}/n\mathbb{Z}$이다. 따라서 제 I 동형정리로부터 $\mathbb{Z}/n\mathbb{Z}/(m\mathbb{Z}/n\mathbb{Z}) \cong \mathbb{Z}/m\mathbb{Z}$이다. 그런데 $\mathbb{Z}/n\mathbb{Z}$과 $\mathbb{Z}/m\mathbb{Z}$은 각각 위수가 n과 m인 군이므로 라그랑주 정리로부터 $|m\mathbb{Z}/n\mathbb{Z}| = \frac{n}{m}$이다. 그리고 정의로부터 $m\mathbb{Z}/n\mathbb{Z} = \langle m + n\mathbb{Z}\rangle$이므로 순환군이고, 생성원의 위수는 $\operatorname{ord}(m + n\mathbb{Z}) = \frac{n}{m}$이다.

다음은 군과 상군의 (정규) 부분군 형태의 관계성을 말해주는 명제이다.

정리 3.50 (정규) 부분군의 대응정리

정규 부분군 $N \lhd G$와 표준사영사상 $\pi : G \to G/N,\ g \mapsto gN$에 대하여 (정규) 부분군의 집합들

$$\mathcal{X} = \{H \mid N \le H \le G\},\ \mathcal{Y} = \{\overline{H} \mid \overline{H} \le G/N\}$$

사이에는 일대일대응

$$\Phi : \mathcal{X} \to \mathcal{Y},\ \Phi(H) = \pi(H),$$

$$\Psi : \mathcal{Y} \to \mathcal{X},\ \Psi(\overline{H}) = \pi^{-1}(\overline{H})$$

가 존재한다. 특히, G/N의 부분군의 형태는 $\overline{H} = H/N,\ N \le H$ 꼴이다.

증명 Φ와 Ψ가 각각 함수임을 보인다. $\pi(H) = H/N$이다. $e \in H$이므로 $eN \in H/N$이다. 그리고 $h_1N, h_2N \in H/N,\ h_i \in H \Rightarrow h_1h_2^{-1} \in H \Rightarrow (h_1N)(h_2N)^{-1} \in H/N$이므로 $H/N \le G/N$이다. 비슷한 방법으로 $\pi^{-1}(\overline{H})$는 G의 부분군이다.

Φ와 Ψ가 서로 역대응 관계임을 보인다. $\pi(\pi^{-1}(\overline{H})) = \overline{H}$ (π가 위로의 함수), $H \subset \pi^{-1}(\pi(H))$는 함수의 일반적인 성질이다. 그리고 $x \in \pi^{-1}(\pi(H)) \Rightarrow \pi(x) \in \pi(H) = H/N \Rightarrow xN = hN, \exists h \in H \Rightarrow h^{-1}x \in N \overset{N \le H}{\Rightarrow} h^{-1}x \in H \Rightarrow x \in H$이므로 $\pi^{-1}(\pi(H)) \subset H$이다. 따라서 $\Psi \circ \Phi = \mathrm{id}_{\mathcal{X}}$이고 $\Phi \circ \Psi = \mathrm{id}_{\mathcal{Y}}$이다. □

명백히 동형인 군 $G \cong G'$ 사이의 (정규) 부분군들의 집합은 일대일대응 관계가 있다.

따름정리 3.51

준동형사상 $f : G \to G'$의 핵 $\ker(f)$를 포함하는 G의 (정규) 부분군과 치역 $\mathrm{im}(f)$의 (정규) 부분군 사이에는 일대일대응 관계가 있다. 이때, 대응함수는 각각 함수 f의 상과 역상이다.

증명 제 I 동형정리로부터 $\mathrm{im}(f) \cong G/\ker(f)$이므로 정리 3.50을 표준사영사상 $\pi : G \to G/\ker(f)$에 적용한다. □

문제 3.52 **순환군의 부분군**

다음 물음에 답하라.

(1) 정수군 $\mathbb{Z}$의 부분군 H는 $H = m\mathbb{Z}$꼴임을 보이라. 단, m은 정수이다.

(2) $H < L < \mathbb{Z}$인 부분군 H, L에 대하여 $H = m\mathbb{Z}$, $L = l\mathbb{Z}$, $l|m$임을 확인하라. 그리고 $H = L$일 필요충분조건은 $l = \pm m$임을 보이라.

(3) 대응정리를 이용하여 $\mathbb{Z}_n$의 부분군의 형태와 그 개수를 말하라.

풀이 (1) $H \neq \{0\}$이라 하면 정수의 정렬성으로부터 최소의 음이 아닌 정수 $m \in H$가 존재한다. 나머지 정리로부터 $\forall p \in H \Rightarrow p = mq + r,\ 0 \le r < m$이다. 그런데 $mq \in H \Rightarrow r \in H$ (덧셈에 대해 닫혀있음)이다. 따라서 m의 선택으로부터 $r = 0$이므로 $H = \langle m \rangle = m\mathbb{Z}$이다.

(2) (1)으로부터 $H = m\mathbb{Z}$, $L = l\mathbb{Z}$ 꼴이다. 그리고 포함관계 $H < L$로부터 $l|m$이어야 한다. 역으로 $L < H$이면 $m|l$이므로 $l = \pm m$이다.

(3) 표준사영사상 $\pi : \mathbb{Z} \to \mathbb{Z}/n\mathbb{Z} \cong \mathbb{Z}_n$, $\pi(g) = g + n\mathbb{Z}$에 대응정리(정리 3.50)를 적용한다. $\mathbb{Z}_n$의 부분군은 $\ker(\pi) = n\mathbb{Z}$를 포함하는 부분군 $H = m\mathbb{Z}$의 치역 $\pi(H) = m\mathbb{Z}/n\mathbb{Z}$이다. 물론 $n\mathbb{Z} = \ker(\pi) < H$이므로 $m \mid n$이다. 그런데 $m\mathbb{Z}/n\mathbb{Z} = \langle m + n\mathbb{Z} \rangle$이므로 순환군이다(예제 3.49). 한편, $m|n$이면 $|m\mathbb{Z}/n\mathbb{Z}| = \mathrm{ord}(m + n\mathbb{Z}) = \frac{n}{m}$이다. 만약 $|m\mathbb{Z}/n\mathbb{Z}| = |m'\mathbb{Z}/n\mathbb{Z}| \Rightarrow \frac{n}{m} = \frac{n}{m'} \Rightarrow m\mathbb{Z} = m'\mathbb{Z} \Rightarrow m\mathbb{Z}/n\mathbb{Z} = m'\mathbb{Z}/n\mathbb{Z}$이다. 즉, n의 각각의 양의 약수에 대한 순환 부분군은 꼭 하나씩 존재한다. □

정의 3.53 **무한 순환군**

무한군 G가 정수의 덧셈군 $(\mathbb{Z}, +)$와 동형일 때, G를 **무한 순환군**이라고 한다. 즉, $G = \langle g \rangle, \mathrm{ord}(g) = \infty$이다. 무한 순환군의 부분군은 항상 $m\mathbb{Z}$와 동형이다.

문제 3.54

군 G의 위수가 150이라고 하자. 위수가 6인 G의 부분군이 유일할 때 군 G는 위수가 30인 부분군을 가짐을 보이라.

풀이 Step 1. 위수가 6인 G의 부분군을 N이라고 하자. 주어진 $g \in G$에 대해 $gNg^{-1} \cong N$이므로 gNg^{-1}는 위수가 6인 군이다. 조건으로부터, 모든 $g \in G$에 대하여 $N = gNg^{-1}$이다. 즉, $N \lhd G$이다.

Step 2. 표준 군 준동형사상 $\pi\colon G \to G/N$에 대하여, 상군 G/N은 위수가 25인 군이므로 코시의 정리로부터 위수가 5인 부분군 $K/N \le G/N$ (대응정리)이 존재한다. 따라서, 역상 $\pi^{-1}(K/N) = K$는 위수가 30인 G의 부분군이다.

다른 풀이) 코시의 정리로부터 위수가 5인 G의 부분군 H가 존재한다. 그리고 $H \cap N \le H, N$이므로 라그랑주의 정리로부터 $H \cap N = \{e\}$이다. 그러므로 제 II 동형정리로부터 NH는 G의 부분군이고 위수는 $|HN| = \frac{|H||N|}{|H \cap N|} = 30$이다. □

3.4.2 연습문제

3.4.1. 두 자연수 i, j가 $j \ge i+1$일 때 $(p^i\mathbb{Z}/p^j\mathbb{Z})/(p^{i+1}\mathbb{Z}/p^j\mathbb{Z}) \cong \mathbb{Z}_p$임을 보이라. 단, p는 소수이다.

3.4.2. 군 G의 동형인 정규 부분군 $H \cong K$에 대하여 $G/H \cong G/K$가 항상 성립하는가?

3.4.3. 원소 $\overline{m} \in \mathbb{Z}_n$의 위수는 $\frac{n}{\gcd(m,n)}$임을 제 II 동형정리를 이용하여 보이라.

3.4.4. 위로의 군 준동형사상 $f : G \to G'$에 대하여 G'가 가환군이고 $\ker(f) \le N \le G$일 때, $N \lhd G$임을 보이라.

3.4.5. 위수가 12인 순환군 $\langle a \rangle$의 모든 부분군을 제시하라.

3.4.6. 위로의 군 준동형사상 $f : G \to G'$에 대하여 $N \lhd G$이면 $f(N) \lhd G'$임을 증명하라. 만약 위로의 함수 조건이 없다면 결론은 참인가?

3.4.7. 군 준동형사상 $f : G \to G'$에 대하여 $K' \lhd G'$이면 $f^{-1}(K') \lhd G$가 성립함을 보이라.

3.4.8. (탐구문제) 군 준동형사상 $f : G \to G'$에 대하여 다음 물음에 답하라.

(1) $H < G$이면 $f(H) < G'$임을 보이라.

(2) $\ker(f) < N \lhd G$이면 $G/N \cong \mathrm{im}(f)/f(N)$임을 증명하라.

(3) $N' \lhd \mathrm{im}(f)$이면 $G/f^{-1}(N') \cong \mathrm{im}(f)/N'$임을 보이라.

3.4.9. 군 G의 위수가 $13 \times 17 \times 19$이고 정규 부분군 $N \leq G$의 위수가 13이라 하자. 이때, 군 G에는 위수가 13×19인 부분군이 존재함을 대응정리를 이용하여 증명하라.

3.4.10. 무한군 G와 부분군 $H < G$에 대하여 $H \neq G$이지만 $H \cong G$인 예를 제시하라.

3.4.11. (2009) 군 G가 무한군이면 무한히 많은 부분군이 존재함을 증명하라.

3.4.12. (탐구문제) 군 $G = \mathbb{Z}_{13}^* \times \mathbb{C}^*$의 원소 중 위수가 18인 것의 원소의 개수를 구하라. 그리고 $\mathbb{Z}_{18}$과 군동형이 되는 G의 부분군의 개수를 구하라. 단, $\mathbb{Z}_{13}^*$은 $\mathbb{Z}_{13}$의 단원군이고 $\mathbb{C}^* = \mathbb{C} \setminus \{0\}$은 복소수 집합의 단원군이다.

3.4.13. 군 G의 (정규) 부분군 H에 대해 HN이 G의 (정규) 부분군임을 대응정리(표준사영사상 $\pi : G \to G/N$)를 이용하여 증명하라. 단, $N \lhd G$이다.

3.4.14. 덧셈군 $G = \mathbb{Z}_{24}$의 부분군 $H = \langle 4 \rangle$와 $N = \langle 8 \rangle$에 대하여 다음 물음에 답하라.

(1) 상군 G/H, G/N, H/N 그리고 $(G/N)/(H/N)$을 원소나열법으로 제시하라.

(2) G/H와 $(G/N)/(H/N)$을 각각 계산하여 제 III 동형정리가 성립함을 보이라.

3.4.15. (2024) 순환군 G의 한 부분군 H에 대하여 G에서의 H의 지표 $[G : H]$는 520이다. 상군 G/H의 생성원의 개수를 구하라. 또한 G/H의 한 생성원 aH와 G의 한 부분군 K에 대하여 $K/H = \langle (aH)^{35} \rangle$일 때, $G/H = (K/H)(L/H)$를 만족시키는 G의 부분군 L의 개수를 구하라.

3.4.16. 다음 물음에 답하라.

(1) (1996) 군 $G = (\mathbb{Z}_{20}, +)$는 $\bar{1}$을 생성원으로 갖는 위수가 20인 순환군이다. G의 부분군의 개수를 구하라.

(2) (2014) 위수가 2014인 순환군 G 안에 있는 위수가 38인 원소의 개수를 구하라.

3.4.17. 다음이 서로 동형인지 판단하라.

(1) $\mathbb{Z}/4\mathbb{Z}$와 $\mathbb{Z}/2\mathbb{Z} \times \mathbb{Z}/2\mathbb{Z}$

(2) $\mathbb{Z}/6\mathbb{Z}$와 $\mathbb{Z}/2\mathbb{Z} \times \mathbb{Z}/3\mathbb{Z}$

3.4.18. (탐구문제) 무한 순환군 G에 대해 함수 $\sigma: G \to G,\ g \mapsto g^{-1}$으로 정의할 때, 다음 물음에 답하라.

(1) (2012) 군 G는 덧셈군 $\mathbb{Z}$과 동형임을 보이라.

(2) 군 G의 생성원은 a, a^{-1} 뿐임을 보이라.

(3) σ가 동형사상임을 보이라.

(4) 군 G의 자기동형사상은 항등사상과 σ 뿐임을 보이라.

3.4.19. (2010) 다음 명제의 진위를 판정하고 이유를 설명하라.

(1) 군 $G = \mathbb{Z}_2 \times \mathbb{Z}_2$의 상군의 집합 $X = \{G/N \mid N$은 G의 정규 부분군$\}$에 속하며 서로 동형이 아닌 잉여군은 모두 4개이다.

(2) 정수 집합에서 정의된 덧셈군 $\mathbb{Z}$의 부분군 $6\mathbb{Z}$에 의한 상군 $\mathbb{Z}/6\mathbb{Z}$는 모두 3개의 부분군을 갖는다.

제 4 장
부분군의 분류와 정규성

이 단원에서는 작은 위수의 군의 부분군을 찾고, 부분군의 형태 및 정규성을 판별하는 실로우 II, III 정리를 학습한다. 이는 군의 작용 개념을 적용해볼 수 있는 대표적인 예제이다.

4.1 부분군의 분류

이 단원에서는 헤세도표의 뜻과 위수가 작은 군의 헤세도표를 찾아본다.

4.1.1 켤레 작용과 일반적 성질

군 G의 부분군들의 집합 $X = \{H \mid H \leq G\}$에 대하여 작용

$$G \times X \to X, (g, H) \mapsto gHg^{-1} \tag{4.1}$$

을 되뇌어보자. $gHg^{-1} \cong H$이므로 이 작용은 군 G의 위수가 m인 부분군들의 집합

$$\mathcal{X}_m = \{H \mid H \leq G, |H| = m\}$$

으로 축소시켜 생각할 수 있다. 이 단원에서는 집합 $\mathcal{X}_m$의 원소를 찾아본다. 이는 실로우 II, III 정리의 증명을 이해하기 위한 준비과정이다. 한편, (4.1)의 작용에 대한 H의 안정자 부분군을 $N_G(H) = \{g \in G \mid gHg^{-1} = H\}$이라고 했다(부언 2.58). 그리고 임의의 $g \in N_G(H)$에 대하여 $gHg^{-1} = H$이므로 $H \lhd N_G(H)$임에 유의하자. 일반적으로 정규화 부분군 $N_G(H)$는 G의 정규 부분군은 아니다.

도움정리 4.1

$|\mathcal{X}_m| = 1$이면 부분군 $N \in \mathcal{X}_m$은 군 G의 정규 부분군이다.

증명 임의의 $g \in G$에 대하여 $N \cong gNg^{-1}$이므로 $gNg^{-1} \in \mathcal{X}_m$이다. 조건으로부터 $|\mathcal{X}_m| = 1 \Rightarrow gNg^{-1} = N, \forall g \in G \Rightarrow N \lhd G$이다. □

4.1.2 헤세도표의 뜻과 예

군의 부분군을 꼭짓점으로 하고 부분군 사이의 포함관계가 있을때 선분(또는 곡선)으로 연결하여 그린 그래프를 **헤세도표(Hasse diagram)**라 한다. 이 단원에서는 헤세도표의 특징을 예를 통해 살펴본다. 유한 순환군의 헤세도표는 부분군의 위수로부터 완전히 결정된다는 사실에 유의하자(문제 3.52). 그리고 상군의 헤세도표는 엄마군의 그것으로부터 완전히 결정된다는 점을 명심하자(대응정리).

문제 4.2

순환군 $\mathbb{Z}_{11}$과 $\mathbb{Z}_{15}$의 헤세도표를 각각 찾아라.

일반적으로 위수가 n인 순환군 $(\cong \mathbb{Z}_n)$의 헤세도표는 다음 방법으로 구성한다(문제 3.52). 먼저 자연수 n의 약수에 해당하는 부분군이 꼭 하나씩 있다. 그리고 두 약수 d, $d' \mid n$에 대하여 $d \mid d'$일 때만 길이가 $\frac{d'}{d}$인 선분으로 연결한다.

예제 4.3

군 $\mathbb{Z}_2 \times \mathbb{Z}_2$의 헤세도표는 다음과 같다.

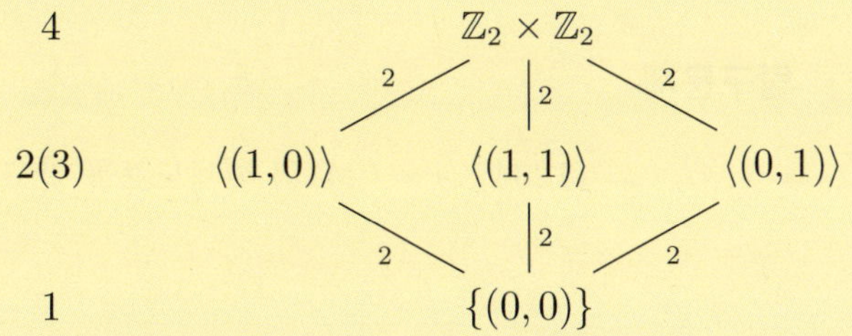

$a, b \in G$에 대하여 $\langle a, b\rangle$를 a와 b를 포함하는 최소의 부분군이라 하자. 또는 $\langle a, b\rangle$를 a와 b로 유한번의 이항연산으로 생성되는 군이라고도 한다(순환군과 비교). 예를 들어, $(1,0), (0,1) \in \mathbb{Z}_2 \times \mathbb{Z}_2$이라 하면 $\langle (1,0), (0,1)\rangle = \mathbb{Z}_2 \times \mathbb{Z}_2$이다. 그리고 $a = (12)(34), b = (13)(24) \in S_4$이면 $\langle a, b\rangle = \{(1), a, b, ab\} < S_4$이다.

문제 4.4

$S_3 = \langle (123), (23)\rangle$임을 보이고 헤세도표를 찾아라.

풀이

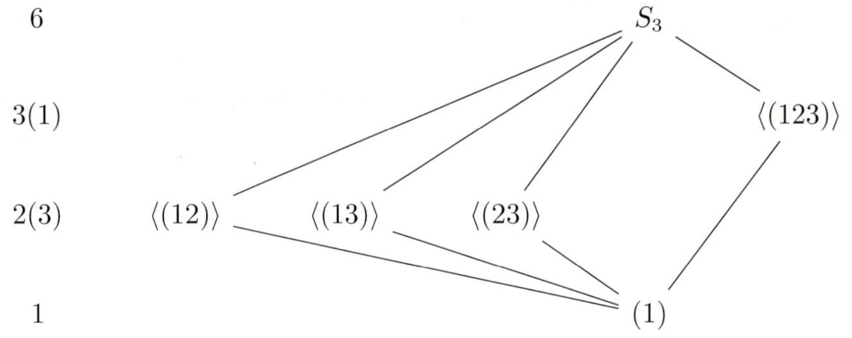

□

문제 4.5 **탐구문제**

다이히드럴 군 $D_4 = \langle r, s\rangle$, $r = (1234)$, $s = (24)$의 헤세도표를 찾고 정규 부분군을 말하라.

풀이 위수가 4이하인 군은 순환군 또는 $\mathbb{Z}_2 \times \mathbb{Z}_2$와 동형임에 유의하라.

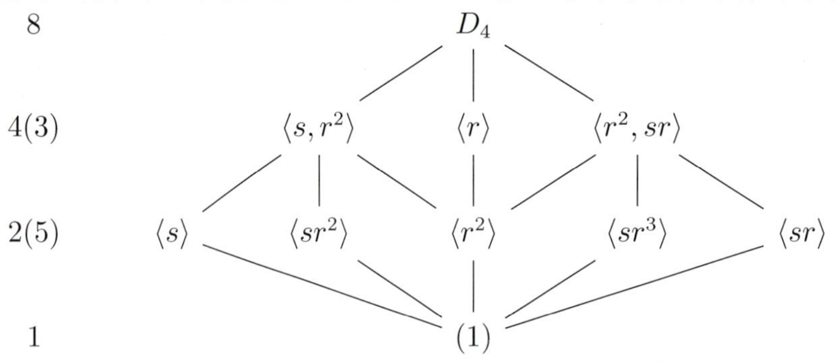

D_4의 정규 부분군은 D_4, $\langle r\rangle$, $\langle r^2\rangle$, (1)이다. □

다이히드럴 군 D_4의 정규 부분군의 형태를 관찰하여 아래와 같은 일반적인 명제를 제시할 수 있다.

명제 4.6

유한군 G의 순환 정규 부분군 $N \lhd G$의 부분군 $H < N$은 G의 정규 부분군이다.

증명 가정으로부터 $N = \langle a\rangle$이고 $H = \langle a^k\rangle$이다(대응정리 참조). 그리고

$$\forall g \in G, gNg^{-1} = N \Rightarrow gag^{-1} \in N \Rightarrow gag^{-1} = a^l$$

이다. 따라서 임의의 $a^{km} \in H$에 대하여 $ga^{km}g^{-1} = (gag^{-1})^{km} = a^{lkm} = (a^k)^{lm} \in H$이므로 $gHg^{-1} < H$이다. 즉, $H \lhd G$이다. □

문제 4.7

교대군 A_4에 대하여 다음 물음에 답하라.

(1) 집합 $\mathcal{X}_4, \mathcal{X}_3, \mathcal{X}_2$를 찾아라.

(2) $\mathcal{X}_4$의 원소(들)는 군 A_4의 정규 부분군임을 확인하라.

(3) $\mathcal{X}_3$의 임의의 두 원소 P, Q에 대하여 등식 $P = \sigma Q \sigma^{-1}$를 만족시키는 짝치환 σ를 찾아라. 따라서 $\mathcal{X}_3$의 원소는 교대군 A_4의 정규 부분군이 아니다.

(4) 부분군 $H = \langle (12)(34) \rangle$에 대하여 정규화 부분군 $N_{A_4}(H)$를 찾아라.

풀이 (1) 교대군 A_4에는 위수 4인 원소가 존재하지 않는다. 따라서 원소의 개수가 4인 부분군이 존재한다면 $\mathbb{Z}_2 \times \mathbb{Z}_2$와 동형임에 착안하여 $\mathcal{X}_4$를 결정할 수 있다. 한편, 위수 3인 원소들은 서로 다른 부분군이라는 것을 라그랑주 정리로부터 알 수 있다.

$$\begin{aligned}
\mathcal{X}_4 &= \{\{(1), (12)(34), (13)(24), (14)(23)\}\}, \\
\mathcal{X}_3 &= \{\langle (123) \rangle, \langle (124) \rangle, \langle (134) \rangle, \langle (234) \rangle\}, \\
\mathcal{X}_2 &= \{\langle (12)(34) \rangle, \langle (13)(24) \rangle, \langle (14)(23) \rangle\}.
\end{aligned}$$

(2) 도움정리 4.1로부터 성립한다.

(3) 예를 들어, $Q = \langle (123) \rangle$, $P = \langle (124) \rangle$이면 $\sigma = (243)$으로 선택할 수 있다.

(4) $H = \langle (12)(34) \rangle$는 A_4의 정규 부분군이 아니다. 따라서 정규화 부분군의 위수는 $|N_{A_4}(H)| = 6$ 또는 4 또는 2이다. 교대군 A_4에는 위수 6인 부분군이 존재하지 않음에 유의하라. 그리고 위수 4인 군은 가환이므로 H를 정규 부분군으로 포함하고 있다. 따라서 $N_{A_4}(H) = \{(1), (12)(34), (13)(24), (14)(23)\}$이다. □

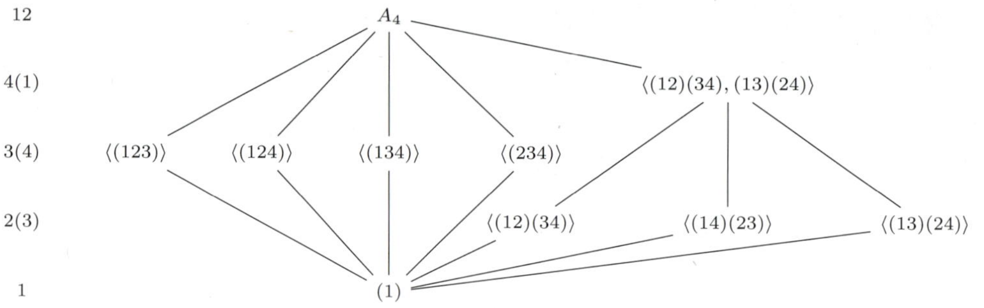

예제 4.8 상군의 헤세도표와 대응정리

대칭군 S_4의 정규 부분군은 $\{(1)\}$, $N = \langle(12)(34), (13)(24)\rangle$, A_4, S_4이다. 정규 부분군 N에 대한 상군 S_4/N은 대칭군 S_3 또는 $\mathbb{Z}_6$과 동형이다. 그런데 S_4의 헤세도표에서 N을 포함하는 부분군들의 헤세도표를 관찰하면 $S_4/N \cong S_3$임을 알 수 있다(대응정리).

4.1.3 연습문제

4.1.1. $N \lhd G$일 필요충분조건은 $N_G(N) = G$임을 증명하라.

4.1.2. 위수 2021인 순환군 $G = \langle a\rangle$에 대하여 집합 $\mathcal{X}_m$의 원소를 모두 찾아라.

4.1.3. 쿼터니언 군 Q(예제 2.64)의 헤세도표는 다음과 같다. 빈칸에 알맞은 기호나 숫자를 채우라.

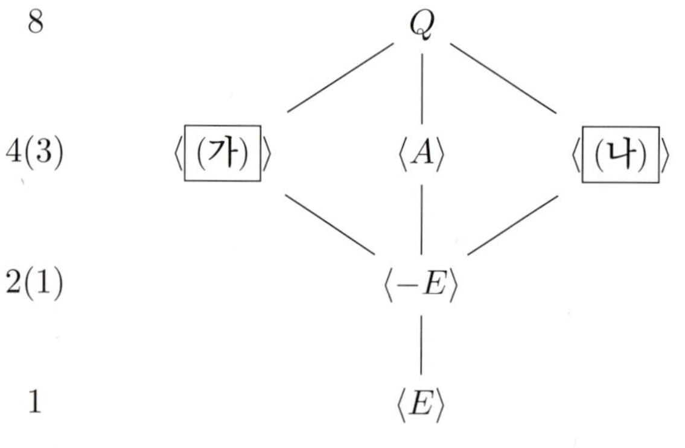

4.1.4. (탐구문제) 가환군 $\mathbb{Z}_6 \times \mathbb{Z}_2$의 헤세도표는 다음과 같다. 빈칸에 알맞은 기호나 숫자를 채우라.

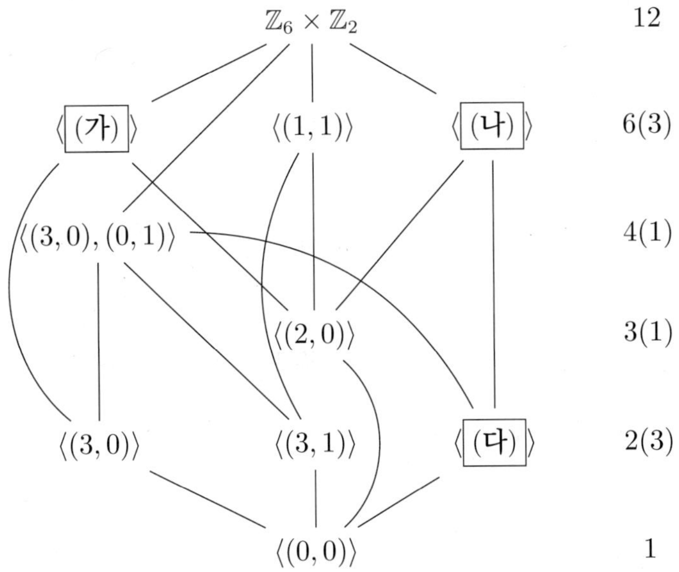

4.1.5. 다이히드럴 군 $D_6 = \{r^0, r^1, \cdots, r^5, s, sr, sr^2, \cdots, sr^5\}$에 대하여 다음 물음에 답하라. 단, $r = (123456)$, $s = (26)(35)$이다.

(1) 집합 $\mathcal{X}_2, \mathcal{X}_3, \mathcal{X}_4$를 찾아라.

(2) $\mathcal{X}_3$의 원소(들)는 군 D_6의 정규 부분군임을 확인하라.

(3) $P, Q \in \mathcal{X}_4$에 대하여 등식 $P = gQg^{-1}$를 만족시키는 $g \in D_6$을 찾아라.

4.1.6. (탐구문제) 대칭군 S_4에 대하여 다음 물음에 답하라.

(1) 집합 $\mathcal{X}_4$와 $\mathcal{X}_8$을 찾아라.

(2) $T = \langle(12)(34), (13)(24)\rangle \cong \mathbb{Z}_2 \times \mathbb{Z}_2$이고 $T \lhd S_4$임을 증명하라.

(3) $\mathcal{X}_8$의 임의의 두 원소 P와 Q에 대하여 등식 $P = \sigma Q \sigma^{-1}$를 만족시키는 치환 $\sigma \in S_4$의 예를 찾아라.

(4) (도전문제) 부분군 $H = \langle(12)\rangle$의 정규화 부분군 $N_{S_4}(H)$를 찾아라. 힌트: $|N_{S_4}(H)| \mid 8$.

4.1.7. (도전문제) 다음은 군 G의 헤세도표의 일부를 그린 것이다. $H_7 \lhd G$일 때 상군은 $G/H_7 \cong S_3$임을 보이라.

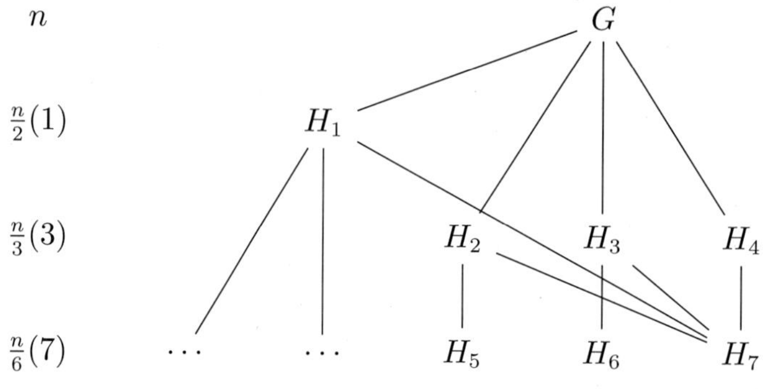

4.2 실로우 II, III 정리

이 단원에서는 집합 $\mathcal{X}_m$ 의 원소의 형태를 탐구하여 정규 부분군의 존재성을 밝힐 것이다 증명을 통해 군의 작용에서 배운 두 가지 정리(궤도-안정자 정리와 궤도분할 정리)를 활용해볼 수 있다. 문제 상황별로 **생각하고자 하는 집합**, **작용시키는 군**, 그리고 **작용방법**이 무엇인지 파악하는 것이고 나머지는 논리 사슬을 묶는 과정이다. 앞으로 특별한 언급이 없다면 p는 소수를 뜻한다.

4.2.1 부분군의 켤레 관계성

정리 4.9 실로우 II 정리

위수가 $|G| = p^n m$, $p \nmid m$인 군 G에 위수가 p^n인 두 부분군 H, K에 대하여 등식

$$xHx^{-1} = K$$

를 만족시키는 $x \in G$가 존재한다. 이때, 두 부분군 H와 K는 **켤레 관계(conjugacy relation)**에 있다고 한다.

증명 Step 1. 부분군 K의 좌잉여류에 의한 상집합 $X = G/\sim$에 군 H를

$$H \times X \to X,\ (g, xK) \mapsto g \cdot (xK) = (gx)K$$

로 작용시키자.

Step 2. 상집합은 $|X| = |H\cdot(x_1K)| + |H\cdot(x_2K)| + \cdots + |H\cdot(x_kK)|$로 분할된다. 궤도-안정자 정리에의해 $|H\cdot(x_iK)| \mid |H| = p^n$이므로 $|H\cdot(x_iK)| = 1$ 또는 p의 배수이다.

Step 3. $|X| = [G : K] = \frac{|G|}{|K|} = m, (p, m) = 1$이므로 적어도 하나의 H-궤도는 p의 배수가 아니다. 즉,

$$\begin{aligned} \exists x_j \in G, |H \cdot (x_jK)| = 1 &\Leftrightarrow |H_{x_jK}| = p^n \\ &\Leftrightarrow h(x_jK) = x_jK, \forall h \in H \\ &\Leftrightarrow x_j^{-1}Hx_j = K. \end{aligned}$$

따라서 p^n을 위수로 갖는 두 부분군 H와 K는 켤레 관계에 있다. □

부언 4.10 **실로우 II 정리의 일반화**

정리 4.9의 가정을 $|H| = p^s$, $s \leq n$으로 바꾸어도 $x^{-1}Hx \leq K$가 되는 $x \in G$가 존재한다. 실제로 정리 4.9의 증명의 Step 3. 의 마지막 부분에서

$$h(x_jK) = x_jK, \forall h \in H \Rightarrow x_j^{-1}Hx_j \leq K$$

가 성립한다.

다이히드럴 군 D_6과 대칭군 S_4에 대하여 실로우 II 정리가 성립한다(연습문제 4.1.5, 4.1.6).

문제 4.11

문제 4.5의 D_4에 대하여 일반화된 실로우 II 정리가 성립함을 확인하라.

문제 4.12

위수가 12인 가환군 G에 대하여 다음 물음에 답하라.

(1) 위수 4인 부분군 K이 유일하게 존재함을 보이라.

(2) 위수 2인 G의 부분군 H에 대하여 $H < K$임을 보이라.

풀이 (1) 부분군 K의 존재성은 실로우 I 정리가 보장한다. $P \in \mathcal{X}_4$라 하면 실로우 II 정리로부터 $xKx^{-1} = P$, $x \in G$가 존재한다. 그런데 G는 가환이므로 $K \lhd G \Rightarrow K = P$이다. 따라서 위수 4인 부분군은 유일하다.

(2) H의 존재성은 코시 정리가 보장한다. 일반화된 실로우 II 정리로부터 $x^{-1}Hx < K$이다. 그런데 $H \lhd G$이므로 $H < K$이다. □

문제 4.13 **탐구문제**

$|K| = p^n$, $[K : H] = p$인 부분군 H에 대하여 $H \lhd K$임을 보이라. 단, p는 소수이다.

풀이 Step 1. 정리 4.9의 증명과정에서 군 G 위치에 K를 대입하고 부분군 H의 K에서의 좌잉여류 집합을

$$X = K/\sim = \{eH, x_1H, \cdots, x_{p-1}H\},\ x_i \in K \setminus H$$

로 두고 작용시키는 군을 H이라 하자.

Step 2. 좌잉여류 $eH = H \in X$에 대한 궤도는 $H \cdot (H) = \{H\}$이므로 다른 궤도들도 모두 홑궤도이다($\because |X| = [K : H] = p$이고 $|H \cdot (x_iH)| |H| = p^{n-1}$).

$$\begin{aligned} \therefore |H \cdot (x_iH)| = 1, \forall i \ &\Leftrightarrow\ \forall h \in H, h(x_iH) = x_iH \ \Rightarrow\ \forall h \in H, x_i^{-1}hx_i \in H \\ &\Rightarrow\ x_i^{-1}\ Hx_i = H \ \Leftrightarrow\ x_i \in N_K(H) \setminus H \end{aligned}$$

이다. 특히, $|H| < |N_K(H)|$이다. 그런데 $H < N_K(H) \overset{[K:H]=p}{\Rightarrow} N_K(H) = K \Rightarrow H \lhd K$ 이다. □

문제 4.14

$P \leq N \lhd G, |P| = p^n$에 대하여 다음 물음에 답하라. 단, $|N| = p^n m', (p, m') = 1$ 이다.

(1) 등식 $G = N \cdot N_G(P)$를 증명하라.

(2) $P \lhd N$이면 $P \lhd G$임을 증명하라.

풀이 (1) $\forall g \in G \overset{P \leq N, N \lhd G}{\Rightarrow} gPg^{-1} < gNg^{-1} = N$이다. 그러면 실로우 II 정리를 군 N에서 적용하면 $gPg^{-1} = nPn^{-1}, \exists n \in N$이다. $n^{-1}gPg^{-1}n = P \Rightarrow n^{-1}g \in N_G(P) \Rightarrow g \in nN_G(P) \Rightarrow G = N \cdot N_G(P)$이다.

(2) $P \lhd N \Rightarrow N \leq N_G(P) \Rightarrow N \cdot N_G(P) = N_G(P) \Rightarrow G = N_G(P) \Rightarrow P \lhd G$이다. □

4.2.2 부분군의 개수와 정규성

실로우 II 정리로부터 위수가 p^n인 부분군은 서로 동형임을 알 수 있다. 다음 정리는 동형이지만 서로 다른 부분군의 개수를 셈할 때 유용하다.

정리 4.15 실로우 III 정리

위수가 $|G| = p^n m$, $p \nmid m$인 군 G에서 집합

$$\mathcal{X}_{p^n} = \{H \mid H \le G, |H| = p^n\}$$

에 대하여 다음이 성립한다. 단, $|\mathcal{X}_{p^n}| = n_p$로 표기한다.

(1) $P \in \mathcal{X}_{p^n}$일 때 $\mathcal{X}_{p^n} = \{Q_1, Q_2, Q_3, \cdots, Q_{n_p}\}$이다. 단, $Q_i = g_i P g_i^{-1}$, $Q_1 = P$이다.

(2) $n_p = pk + 1 \mid |G|$이다. 따라서 $n_p \mid m$이다.

증명 (1) 실로우 II 정리로부터 $\mathcal{X}_{p^n}$의 원소들은 서로 켤레 관계이므로 부분군 P에 대해 모든 켤레 부분군을 나열하면 된다.

(2) $\mathcal{X}_{p^n}$은 부분군 P에 대한 G-궤도이다(작용은 (4.1)). 따라서 궤도-안정자 정리로부터 $n_p = |\mathcal{X}_{p^n}| = [G : N_G(P)] \mid |G|$이다. 한편, $n_p = pk + 1$임을 보이자.
Step 1. 집합 $\mathcal{X}_{p^n}$에 군 P를

$$P \times \mathcal{X}_{p^n} \to \mathcal{X}_{p^n},\ (g, Q_i) \mapsto gQ_ig^{-1}$$

로 작용시키자.

Step 2. 집합 $\mathcal{X}_{p^n} = \bigcup_{Q \in \mathcal{X}_{p^n}} (P \cdot Q)$로 분할된다. 궤도-안정자 정리로부터 $|P \cdot Q| \mid |P| = p^n \Rightarrow |P \cdot Q| = 1$ 또는 $p^l (1 \le l \le n)$이다.

Step 3. $Q_i \in \mathcal{X}_{p^n}$에 대하여

$$|P \cdot Q_i| = 1 \Rightarrow \forall t \in P,\ tQ_it^{-1} = Q_i \Rightarrow P \subset N_G(Q_i)$$

이다. 그런데 안정자 부분군의 정의로부터 $Q_i \lhd N_G(Q_i)$이다. 군 $N_G(Q_i)$에 실로우 II 정리를 적용하면 두 군 P와 Q_i는 켤레 관계에 있다. 즉, $Q_i = nPn^{-1}, \exists n \in N_G(Q_i) \overset{Q_i \lhd N_G(Q_i)}{\Rightarrow} Q_i = n^{-1}Q_in = P$이다.

Step 4. 그러므로 $P \in \mathcal{X}_{p^n}$는 홑궤도이고 그 이외는 항상 p의 배수이므로 $p|(|\mathcal{X}_{p^n}|-1) = n_p - 1$이다. □

실로우정리	I	II	III
군	G	$P(\in \mathcal{X}_{p^n})$	$P(\in \mathcal{X}_{p^n})$
집합	$P(G)_{p^n}$	$G/\sim_Q$	$\mathcal{X}_{p^n}$
작용	$(g,H) \mapsto gH$	$(h,xQ) \mapsto (hx)Q$	$(p,Q) \mapsto pQp^{-1}$
결과	$\exists P \in \mathcal{X}_{p^n}$	$\exists g \in G,\ gPg^{-1} = Q,\ \forall Q \in \mathcal{X}_{p^n}$	$\lvert\mathcal{X}_{p^n}\rvert = n_p = [G : N_G(P)] = pk +$

이상의 논의로 군의 부분군의 존재성은 코시 및 실로우 I 정리가 보장해준다. 그러나 부분군의 정규성은 실로우 II, III 정리로부터 알 수 있는 결과이다. 이로써 위수가 12인 비가환군을 분류할 수 있는 핵심적 도구를 모두 갖추었다.

문제 4.16

위수가 40인 군 G 안에 위수가 5인 정규 부분군이 존재함을 보이라.

풀이 코시 정리로부터 $|P| = 5$인 부분군이 존재한다. 그런데 $n_5 = 5k + 1|40$이므로 $n_5 = 1$이다. 따라서 $P \lhd G$이다. □

정의 4.17 **단순군(simple group)**

군 G의 정규 부분군이 $N = \{e\}$와 G뿐일 때(즉, 진 부분군이 정규 부분군이 아닐 때), G를 **단순군**이라 한다.

예제 4.18

위수가 168인 단순군 G 안의 위수가 7인 원소의 개수는 48개이다. $168 = 7 \times 24$에서 $n_7 = 7k + 1|24 \Rightarrow n_7 = 1, 8$이다. 그런데 $n_7 = 1$이면 위수 7인 부분군은 G의 정규 부분군이므로 단순군이 아니다. 따라서 $n_7 = 8$이다. 그런데 위수 7인 서로 다른 8개의 순환군은 항등원 이외에 교집합의 원소는 존재하지 않는다(라그랑주 정리). 따라서 서로 다른 원소의 개수는 $(7-1) \times 8 = 48$개이다.

문제 4.19 **탐구문제**

위수가 $|G| = 375$인 군 G에는 위수 15인 부분군 H가 존재함을 보이라.

풀이 $375 = 3 \cdot 5^3$이다. $n_3 \mid 125$이므로 $n_3 = 1$ 또는 25이다. $n_3 = 1$이면 $P_3 \lhd G$이고 $|G/P_3| = 125$이다. 코시 정리로부터 위수 5인 부분군 $N < G/P_3$이 존재한다. 대응정리로부터 $N = H/P_3$, $H < G$ 꼴이므로 라그랑주 정리로부터 $|H| = 15$이다. $n_3 = 25$이면

실로우 III 정리로부터 $n_3 = [G : N_G(P_3)]$이므로 라그랑주 정리로부터 $|N_G(P_3)| = 15$이다. 따라서 정규화 부분군 $N_G(P_3)$이 찾고자 하는 부분군이다. □

문제 4.20

교대군 A_5 안의 위수가 5인 부분군의 개수는 $n_5 = 6$임을 증명하라.

풀이 $|A_5| = 60 = 2^2 \cdot 3 \cdot 5$이다. 따라서 $n_5 \mid 12$, $n_5 = 5k + 1$꼴이다. 가능한 것은 $n_5 = 1$ 또는 6이다. 그런데 $\langle(12345)\rangle \neq \langle(21345)\rangle \in \mathcal{X}_5$이므로 $n_5 = 6$이다. □

4.2.3 연습문제

4.2.1. 위수가 455인 군 G 안에 위수 13인 정규 부분군이 존재함을 보이라.

4.2.2. 위수가 $|G| = p^n m$, $p \nmid m$인 군 G에 위수가 p^n인 정규 부분군 N이 존재한다면 $|\mathcal{X}_{p^n}| = 1$임을 보이라.

4.2.3. $|G| = p^n m$, $(p, m) = 1$이고 P, $Q \in \mathcal{X}_{p^n}$일 때 PQ는 G의 부분군이 아님을 보이라.

4.2.4. 위수가 $|G| = p(p-1)$인 군 G의 부분군 H의 위수가 $|H| = p$일 때 $H \lhd G$임을 보이라. 단, p는 홀수인 소수이다.

4.2.5. 위수가 70인 유한군 G에 대하여 다음 물음에 답하라.

(1) 위수가 7인 정규 부분군이 존재함을 보이라.

(2) 위수가 35인 정규 부분군이 존재함을 보이라.

4.2.6. 위수가 $p^r m$인 군 G는 단순군이 아님을 보이라. 단, $1 < m < p$이고 $1 \leq r$이다.

4.2.7. (2010) 다음 명제의 진위를 판정하고 이유를 설명하라.

(1) 군 G의 위수가 40이면 위수가 5인 정규 부분군 H와 위수 8인 잉여군 G/H가 존재한다.

(2) 군 G의 위수가 12이면 G는 단순군이다.

4.2.8. (도전문제) $|G| = p^n m$, $p \nmid m$인 군 G의 부분군 P, $|P| = p^n$에 대하여 $N_G(P) \subset H \leq G$인 임의의 부분군 H에 대하여 $N_G(H) = H$임을 증명하라.

4.2.9. 군 G가 단순군일 필요충분조건은 임의의 군 G'와 임의의 상수함수가 아닌 준동형사상 $f : G \to G'$에 대하여 f가 일대일임을 증명하라.

4.2.10. 위수 $168 = 2^3 \times 3 \times 7$인 단순군에서 위수가 7인 원소는 모두 몇 개인지 구하라.

4.2.11. 위수가 $p^n m$, $(p, m) = 1$인 군 G와 위수 p^n인 부분군 $P < G$에 대하여 $N_G(P) \leq H \leq G$라 하자. 다음 물음에 답하라.

(1) $N_G(P) = N_H(P)$임을 증명하라.

(2) $p | ([G : H] - 1)$임을 보이라.

4.2.12. (탐구문제) 위수가 30인 군 G에는 위수 15인 부분군이 존재함을 보이라.

4.2.13. 다음은 위수가 $|G| = 525$인 군 G는 단순군이 아님을 **귀류법**으로 보이는 과정이다. 빈칸에 알맞은 기호나 숫자를 채우라.

> Step 1. G가 단순군이라면 $525 = 3 \cdot 5^2 \cdot 7$이므로 실로우 III 정리로부터 $n_7 =$ [(가)] 이다. 위수 7인 부분군 $P_7 < G$의 정규화 부분군 $N_G(P_7)$에 실로우 III 정리를 적용하면 $N_G(P_7)$ 안에는 위수 5인 정규 부분군 L이 존재하므로 [(나)] 이다. 따라서 $35 || N_G(L)|$이다.
> Step 2. 문제 4.10로부터 $L \leq P_{25}$인 어떤 위수 25인 가환 부분군 P_{25}가 존재한다. 따라서 [(다)] 이므로 $25 \mid |N_G(L)|$이다. 이로부터 $|N_G(L)| =$ [(라)] 이다.
>
> ...(후략)...

4.2.14. (도전문제) $[G : H] = n$인 부분군 $H < G$에 대한 좌잉여류의 집합

$$X = \{g_0 H = H, g_1 H, \cdots, g_{n-1} H\}$$

의 일대일대응으로 이루어진 대칭군을 $S_n(X)$라 하자. 대응 $\Phi : G \to S_n(X)$, $g \mapsto [g_iH \mapsto (gg_i)H] = f_g$와 같이 정의할 때 다음 물음에 답하라.

(1) 대응 Φ는 군 준동형사상임을 보이라. 즉, 집합 X는 G-집합임을 보이라.

(2) $\ker(\Phi) \leq H$임을 증명하라.

(3) 군 G의 임의의 부분군 $K(\neq G)$에 대하여 $[G : K] \geq 3$이라 하자. 그러면 지표가 $[G : N] = 3$인 부분군 N은 항상 군 G의 정규 부분군임을 증명하는 과정이다. 빈칸에 알맞은 기호나 용어를 채우라.

Step 1. $H = N$으로 두고 논의한다. (가) 정리와 가정으로부터 $G/\ker(\Phi) \cong \text{im}(\Phi) \leq S_3(X) \Rightarrow |\text{im}(\Phi)| =$ (나) 또는 (다) 이다. Step 2. $|\text{im}(\Phi)| =$ (다) $\Rightarrow \text{im}(\Phi) = S_3(X)$이다. 이것은 $S_3(X)$ 안의 지표가 2인 정규 부분군에 대하여 정의역에도 지표가 2인 부분군이 존재하여 가정에 모순이다 ($\because$ (라) 정리와 제 III 동형정리). Step 3. 따라서 $|\text{im}(\Phi)| =$ (나) 이므로 $[G : \ker(\Phi)] = |\text{im}(\Phi)| = [G : N] =$ (나) 이다. 그런데 (2)로부터 $\ker(\Phi) \leq N$이므로 $\ker(\Phi) = N$이다. 따라서 $N \lhd G$이다.

(4) 군 G의 부분군 H에 대하여 $[G : H] = p$이고 소수 p가 위수 $|G|$의 최소의 소인수일 때, $H \lhd G$임을 증명하라.

4.2.15. (탐구문제) $|G| = 105$이면 군 G는 위수가 35인 정규 부분군이 존재함을 보이라.

4.2.16. (탐구문제) 위수가 $|G| = 20$인 군 G가 다음 두 조건을 만족 시킨다.

조건 (a) G의 정규 부분군의 개수는 네 개이다. 조건 (b) G 안의 위수가 4인 원소의 개수는 세 개 이상이다.

다음 물음에 답하라.

(1) G 안의 위수가 4인 원소의 개수를 구하라.

(2) $H < G$, $|H| = 10$인 부분군 H은 유일하게 존재하고 $H \cong D_5$임을 보이라.

(3) G 안의 위수가 2인 원소의 개수를 구하라.

(4) (도전문제) 헤세도표를 찾아라.

제 5 장
군의 확장과 가환군

이 단원에서는 군들의 곱집합에 설정할 수 있는 이항연산에 대해 탐구해보고(직적과 반직적) 이를 바탕으로 유한 가환군을 모두 분류한다. 그리고 정수론에서 다루었던 원시근을 군의 언어로 다시 설명해보고, 군의 가환 부분군 중 가장 큰 것의 특징을 살펴본다.

5.1 (반) 직적 (합) 을 이용한 군의 확장

라그랑주, 코시, 그리고 실로우 정리를 통해 군의 부분군 구조를 살피던 것이 지금까지 (유한) 군을 분석하는 방식이었다. 위수가 큰 경우를 다루기 위해서는 군들을 확장할 필요가 있다. 군을 확장할 수 있는 가장 간단한 방법은 군의 **곱집합**에 기존의 이항연산을 이용하여 정의하는 것이다.

5.1.1 군의 직적과 직합

명제 5.1 군의 직적 (direct product)

군 $(G_1, *_1)$, $(G_2, *_2)$, $(G_3, *_3)$, $\cdots$, $(G_n, *_n)$에 대하여 곱집합

$$G_1 \times G_2 \times \cdots \times G_n$$

에 이항연산을 다음과 같이 **성분별로 연산**하는 것

$$(x_1, x_2, \cdots, x_n) * (y_1, y_2, \cdots, y_n) = (x_1 *_1 y_1, x_2 *_2 y_2, \cdots, x_n *_n y_n)$$

으로 정의하면 곱집합 $(G_1 \times G_2 \times \cdots \times G_n, *)$은 군이다. 이를 군 G_i에 대한 **직적 (곱)**이라고 한다.

증명 항등원은 $(e_1, e_2, \cdots, e_n)$이고 역원은 $(x_1, x_2, \cdots, x_n)^{-1} = (x_1^{-1}, x_2^{-1}, \cdots, x_n^{-1})$이다. □

정의 5.1에서 각각의 군 G_i가 **가환군**이면 덧셈 연산을 강조하여 직적을 $(G_1 \oplus G_2 \oplus \cdots \oplus G_n, +)$으로 표기한다.

문제 5.2

다음을 증명하라.

(1) $G_1 \times G_2 \cong G_2 \times G_1$이다.

(2) $(G_1 \times G_2) \times G_3 \cong G_1 \times (G_2 \times G_3) \cong G_1 \times G_2 \times G_3$이다.

(3) $|G_1 \times G_2| = |G_1||G_2|$이다.

문제 5.2의 (3)은 벡터공간과 비교$(\dim(V \oplus W) = \dim V + \dim W)$하라. 그리고 직적의 개념을 학습하는 이유는 이것과 관련이 깊다. 즉, 위수가 더 큰 군을 기존 군으로부터 만들어 내는 가장 평이한 방법 중 하나가 직적이다. 예를 들어, 영이 아닌 실수를 성분으로 하는 이차 대각행렬의 군은 $\mathbb{R}^* \times \mathbb{R}^*$과 동형이다.

문제 5.3

군 $\mathbb{Z}_7 \oplus \mathbb{Z}_7$은 순환군이 아님을 보이라.

풀이 $|\mathbb{Z}_7 \oplus \mathbb{Z}_7| = |\mathbb{Z}_7||\mathbb{Z}_7| = 7 \times 7 = 49$이다. 그런데 임의의 $(a, b) \in \mathbb{Z}_7 \oplus \mathbb{Z}_7$에 대하여 $7 \cdot (a, b) = (7a, 7b) = (0, 0)$이므로 어떠한 원소도 생성원이 될 수 없다. □

문제 5.4

직적 $G_1 \times G_2$ 안의 원소 (a, b)에 대하여 $\mathrm{ord}((a, b)) = [\mathrm{ord}(a), \mathrm{ord}(b)]$이다.

풀이 $(a, b)^{[\mathrm{ord}(a), \mathrm{ord}(b)]} = (a^{[\mathrm{ord}(a), \mathrm{ord}(b)]}, b^{[\mathrm{ord}(a), \mathrm{ord}(b)]}) = (e_1, e_2)$이므로 $\mathrm{ord}((a, b)) \mid [\mathrm{ord}(a), \mathrm{ord}(b)]$이다. 역으로 $(e_1, e_2) = (a, b)^{\mathrm{ord}(a,b)} = (a^{\mathrm{ord}((a,b))}, b^{\mathrm{ord}((a,b))})$이므로 $\mathrm{ord}(a) \mid \mathrm{ord}((a, b)), \mathrm{ord}(b) \mid \mathrm{ord}((a, b))$이다. 따라서 $[\mathrm{ord}(a), \mathrm{ord}(b)] \mid \mathrm{ord}((a, b))$이다. □

직적 $G_1 \times G_2$에서 이항연산을 성분별로 하는 것은 두 사영함수

$$\begin{aligned} p_1 &: G_1 \times G_2 \to G_1,\ p_1(x_1, x_2) = x_1, \\ p_2 &: G_1 \times G_2 \to G_2,\ p_2(x_1, x_2) = x_2 \end{aligned} \tag{5.1}$$

가 동시에 군 준동형사상이 되도록 곱집합에 이항연산을 준 것에 불과하다. 제 I 동형정리를 사영사상 p_1과 p_2에 적용하면

$$G_1 \times G_2 / G_1 \times \{e_2\} \cong G_2,\ G_1 \times G_2 / \{e_1\} \times G_2 \cong G_1$$

이다. 특히, $G_1 \times \{e_2\} \lhd G_1 \times G_2$, $\{e_1\} \times G_2 \lhd G_1 \times G_2$이다.

5.1.2 내직적

다음 명제는 군을 좌잉여류로 분류하여 연산표를 만드는 과정에서 주어진 군을 순서쌍(직적)으로 바꾸어 생각할 수 있다는 사고가 숨어있다.

명제 5.5

정규 부분군 $H, K \lhd G$**에 대하여** $H \cap K = \{e\}$**이면 함수** $f : H \times K \to G, (h, k) \mapsto hk$**는 일대일 준동형사상이다. 그러므로** $H \times K \cong \text{im}(f) = HK$**이다.**

증명 Step 1. $\forall h \in H, k \in K \Rightarrow h^{-1}(k^{-1}hk) \in H, (h^{-1}k^{-1}h)k \in K \Rightarrow (h^{-1}k^{-1}h)k \in H \cap K = \{e\} \Rightarrow hk = kh$이다. 따라서 $f((h_1, k_1) * (h_2, k_2)) = f(h_1 * h_2, k_1 * k_2) = (h_1 * h_2) * (k_1 * k_2) = (h_1 * k_1) * (h_2 * k_2) = f(h_1, k_1) * f(h_2, k_2)$이므로 f는 군 준동형사상이다.

Step 2. $(h, k) \in \ker(f) \Rightarrow hk = e, h = k^{-1} \Rightarrow h = k^{-1} \in H \cap K = \{e\}, h = k = e$이다. 즉, $(h, k) = (e, e) \Rightarrow \ker(f) = \{(e, e)\}$이다.

Step 3. $\forall hk \in HK \Rightarrow f(h, k) = hk$이므로 $\text{im}(f) = HK$이다. 이상으로 제 I동형정리로부터 f는 일대일 준동형사상이다. □

정의 5.6 내직적(internal direct product)

명제 5.5의 가정이 성립하고 $HK = G$이면

$$H \times K \cong H \dot{\times} K = G$$

로 표기하고 H와 K의 **내직적**이라고 한다.

G가 가환군일 때는 $G = H \dot{+} K$로 표시하기도 한다. 이때 군 G를 H와 K의 **내직합 (internal direct sum)**이라고 읽는다. 벡터공간의 직합과 연관성을 찾기 위해 다음 도움정리가 필요하다.

도움정리 5.7

군 G의 두 정규 부분군 H, K에 대하여 다음은 서로 필요충분조건 관계이다.

(1) $G = H \dot{\times} K$이다. 즉, $H \cap K = \{e\}$이고 $HK = G$이다.

(2) 임의의 $x \in G$에 대하여 $x = hk$인 $h \in H$와 $k \in K$가 유일하게 존재한다.

(3) $G = HK$이고 $hk = e$이면 $h = k = e$이다.

증명 (1)이 성립할때 (2)와 (3)이 성립하는 것은 명제 5.5의 결과이다. (2)와 (3)의 조건으로부터 $H \cap K = \{e\}$임을 증명한다.

(2) $s \in H \cap K \Rightarrow s = s \cdot e = e \cdot s \Rightarrow s \in H, e \in K, e \in H, s \in K$이다. 그런데 가정으로부터 표시법이 유일하므로 $s = e$이다.

(3) $s \in H \cap K \Rightarrow ss^{-1} = e, s \in H, s^{-1} \in K \Rightarrow s = s^{-1} = e$이다. □

도움정리 5.7의 내용을 덧셈군으로 표기해보자.

예제 5.8

덧셈군 $(G, +)$의 두 부분군 H, K에 대하여 $H \dotplus K = G$일 필요충분조건은

$$\forall x \in G \Rightarrow x = h + k, h \in H, k \in K$$

인 h와 k가 유일하게 존재할 때이다. 또는 $G = H + K$이고 $h + k = 0$이면 $h = k = 0$이다.

덧셈을 강조하여 내직적 $H \dotplus K = G$를 $H \oplus K = G$와 같이 표기하기도 한다. 벡터공간은 벡터의 덧셈연산에 관하여 덧셈군을 이룬다. 그래서 위와 같은 방식으로 벡터 공간 V에 대하여 $V = V_1 + V_2$이고 $V_1 \cap V_2 = \{0\}$이면 $V = V_1 \oplus V_2$로 기호 표기했었다. 한편, 내직적은 단순히 기호의 문제가 아니라 군의 분류에서 핵심적 역할을 한다. 위수가 p인 군은 덧셈군 $\mathbb{Z}_p$와 동형임을 이미 알고 있다. 위수가 p^2일 때는 **가환 조건 없이** 모든 군을 분류할 수 있다.

명제 5.9

위수 $|G| = p^2$인 군 G는 $G \cong \mathbb{Z}_{p^2}$ 또는 $\mathbb{Z}_p \oplus \mathbb{Z}_p$이다.

증명 Step 1. 군 G 안의 어떤 원소 a에 대하여 $\text{ord}(a) = p^2$이면 $\langle a \rangle = G$로 순환군이다. 따라서 $G \cong \mathbb{Z}_{p^2}$이다. 그렇지 않다면 $\forall a \in G \setminus \{e\} \Rightarrow \text{ord}(a) = p$이다.

Step 2. 군 G의 모든 부분군이 정규 부분군임을 증명하여 내직적으로 표시할 것이다. $a \in G \setminus \{e\}$에 대하여 순환군 $\langle a \rangle$이 정규 부분군이 아니라면 어떤 $c \in G$에 대하여 $cac^{-1} \notin \langle a \rangle$이다. 그런데 $\text{ord}(cac^{-1}) = \text{ord}(a) = p$이므로 라그랑주 정리로부터 $\langle cac^{-1} \rangle \cap \langle a \rangle = \{e\}$이다. 따라서 제 II 동형정리로부터 $G = \langle a \rangle \langle cac^{-1} \rangle$이다. $c^{-1} \in G$이므로 $c^{-1} = a^i (cac^{-1})^j = a^i ca^j c^{-1}$이다. 결국 $c = a^{-i-j} \in \langle a \rangle$이 되어 모순이다.

Step 3. 따라서 $a \neq b \in G$에 대하여 $\langle a \rangle$, $\langle b \rangle \lhd G$이므로 $G = \langle a \rangle \dotplus \langle b \rangle$이다. 즉, $G \cong \mathbb{Z}_p \oplus \mathbb{Z}_p$이다. □

명제 5.9의 증명과정 Step 2. 이후 부분을 실로우 정리를 이용하여 기술할 수도 있다(연습문제 5.1.7).

문제 5.10

군 G의 위수가 45이면 G는 가환군임을 증명하라.

풀이 실로우 III 정리로부터 $n_3 = 1$, $n_5 = 1$이다. 그런데 위수 9(5)인 군 $P_9(P_5)$는 가환이다. 그리고 군 P_9와 P_5는 정규 부분군이다. 따라서 라그랑주 정리에 의해 $P_9 \cap P_5 = \{e\}$이므로 내직적 $G = P_9 \dot{\times} P_5$이므로 G는 가환군이다. □

문제 5.11

$p \nmid q-1$인 두 소수 p, q, $p < q$에 대하여 위수가 $|G| = pq$인 군은 순환군임을 증명하라.

풀이 실로우 정리와 문제의 조건으로부터 $n_p = n_q = 1$이므로 P_p와 P_q 모두 순환군과 동형이다. 그리고 라그랑주 정리로부터 $P_p \cap P_q = \{e\}$이다. 따라서 내직합 $G = P_p \dot{\times} P_q \cong \mathbb{Z}_p \oplus \mathbb{Z}_q$이므로 문제 5.4로부터 군 G는 순환군이다. □

내직적이 되기 위해 부분군의 정규성이 필수적이다. 그리고 정규 부분군의 존재성은 실로우 정리로부터 보장받을 때가 많았었다. 그런데 $N \triangleleft G$라고 하여

$$G = N \dot{\times} K \tag{5.2}$$

가 되도록 하는 정규 부분군 K를 항상 찾을 수 있을까? 대답은 아니오!이다. 예를 들어, 교대군 A_4 안의 위수 4인 **유일한** 정규 부분군 N(실로우 정리 III)에 대하여 등식 (5.2)가 성립하는 정규 부분군 K가 존재하지 않는다. 즉, $|K| = 3$인 정규 부분군이 존재하지 않음을 A_4의 헤세도표(문제 4.7)와 실로우 II 정리로부터 알 수 있다. 그럼에도 불구하고 임의의 $K \in \mathcal{X}_3$에 대하여 $A_4 = NK$임에 유의하자(제 II 동형정리).

5.1.3 반직적

직적의 이항연산은 성분별로 이루어지고 있어 흥미로운 상황이 없다고 할 정도로 표준적이다. 즉, 식 (5.1)의 사영함수 p_1과 p_2가 군 준동형사상이 되도록 하는 가장 자연스러운 방법이었다. 생각을 확장하여

곱집합에의 사영함수가 군 준동형사상이 아니지만, 여전히 곱집합이 군이 되도록
자명하지 않은 이항연산을 정의할 수 있을까?

이 단원에서 그러한 예를 살펴본다. 이 교재에서 궁극적으로 분류하고자 하는 위수 12인 (A_4, D_6과 동형이 아닌) 비가환군의 예를 학습한다.

문제 5.12 **탐구문제**

곱집합 $G = \mathbb{Z}_3 \times \mathbb{Z}_4$의 대응을

$$(x_1, y_1) * (x_2, y_2) = (x_1 + (-1)^{y_1} x_2, y_1 + y_2)$$

로 정의하자. 다음 물음에 답하라.

(1) 이 대응은 이항연산임을 보이고, 결합법칙과 항등원 및 역원이 존재함을 확인하라.

(2) 사영함수 $p_2 : (\mathbb{Z}_3 \times \mathbb{Z}_4, *) \to (\mathbb{Z}_4, +), (x, y) \mapsto y$는 군 준동형사상임을 보이라.

(3) $(a, b) = (1, 2), (c, d) = (2, 1)$일 때, 등식 $\mathrm{ord}((a, b)) = 6, (c, d)^2 = (a, b)^3, (a, b) * (c, d) = (c, d) * (a, b)^{-1}$이 성립함을 확인하라.

풀이 (1) y_1과 같은 동치류에 있는 원소에 대하여 대응결과가 같은 것인지 확인한다. 즉, $y_1 \sim y_1' \Leftrightarrow 4 | y_1 - y_1' \Rightarrow (-1)^{y_1} = (-1)^{y_1'}$이므로 이 대응은 이항연산이다. 항등원은 $(0, 0)$이다. 나머지는 셈을 통해 확인할 수 있다.

(2) 사영함수는 $p_2((x_1, y_1)) + p_2(x_2, y_2)) = y_1 + y_2 = p((x_1, y_1) * (x_2, y_2))$이므로 군 준동형사상이다. □

문제 5.13 **탐구문제**

덧셈군 $\mathbb{Z}_q$의 부분집합 $H = \{1, -1\}$에 대하여 곱집합 $AF_q = H \times \mathbb{Z}_q$에서 이항연산을

$$(x_1, y_1) * (x_2, y_2) = (x_1 x_2, x_1 y_2 + y_1)$$

로 정의하자. 다음 물음에 답하라. 단, q는 홀수인 소수이다.

(1) AF_q의 항등원을 찾아라.

(2) AF_q는 비가환군임을 보이라.

(3) 사영함수 $\pi : AF_q \to H, (x,y) \mapsto y$는 군 준동형사상이 아님을 확인하라.

문제 5.13의 이항연산은 일차 다항식들의 집합에서 합성연산으로도 이해할 수 있다. 즉, 집합 $\overline{\text{Aff}}(\mathbb{Z}_q) = \{xt + y \mid x \in H, y \in \mathbb{Z}_q\}$에서 이항연산을 함수의 합성 $(x_1t + y_1) \circ (x_2t + y_2) = x_1x_2t + x_1y_2 + y_1$로 정의한 것이다. 앞의 문제에서와 같이 사영함수는 군 준동형사상이 아니지만 곱집합에 군의 구조를 주는 일반적인 상황을 말해본다. $\text{Aut}(G)$는 군 G의 자기동형사상들의 군임을 상기하라.

정의 5.14 **군의 반직적(semidirect product)**

군 G_1과 G_2와 군 준동형사상 $\phi : G_2 \to \text{Aut}(G_1)$, $g_2 \mapsto \phi_{g_2}$ 에 대하여 곱집합 $G_1 \times G_2$의 이항연산이

$$(g_1, g_2) * (g_1', g_2') = (g_1\phi_{g_2}(g_1'), g_2g_2')$$

로 정의된 군을 G_1과 G_2의 **반직적**이라 한다.

정의 5.14의 동형함수 ϕ를 강조하기 위해서 반직적군을 $G_1 \rtimes_\phi G_2$로 표기하기도 한다. 특히, 상수사상 $\phi(g) = \text{id}_{G_1}$에 의한 곱집합의 이항연산이 군의 직적이다. 그리고 $\text{Aut}(\mathbb{Z}_3) \cong \mathbb{Z}_2$이므로 문제 5.12는 $\phi : \mathbb{Z}_4 \to \text{Aut}(\mathbb{Z}_3)$, $\phi(y) = \phi_y$, $\phi_y(x) = (-1)^y \cdot x$로 정의된 반직적이다.

문제 5.15 **도전문제**

반직적 $G_1 \rtimes_\phi G_2$에 대하여 다음 물음에 답하라. 단, $e_i \in G_i$는 항등원이다.

(1) (e_1, e_2)는 항등원임을 보이라.

(2) $(g_1, g_2) \in G_1 \rtimes_\phi G_2$의 역원을 찾아라.

이상으로 곱집합 위의 직적(합)과 반직적의 개념에 대해 살펴보았다. 앞서 언급한대로 이러한 과정은 주어진 군으로부터 새로운 군을 만들어내는 표준적 방법이다. 즉, 우리가 논의한 것은 층과 층을 연결하여 큰 구조물을 만드는 방법에 관한 것이다. 다음 단원에서는 이러한 개념을 활용하여 (유한)가환군을 모두 분류한다.

5.1.4 연습문제

5.1.1. 정규 부분군 $N_1 \lhd G_1$과 $N_2 \lhd G_2$에 대하여

$$G_1 \times G_2/(N_1 \times N_2) \cong (G_1/N_1) \times (G_2/N_2)$$

이 성립함을 보이라.

5.1.2. 문제 5.13의 상황에서 AF_3, AF_5와 동형인 군을 각각 찾아라.

5.1.3. 직적 $\mathbb{Z} \times \mathbb{Z}$에서 등식 $\langle (1,1) \rangle = N_1 \times N_2$를 만족시키는 부분군 N_1, $N_2 \leq \mathbb{Z}$는 존재하지 않음을 보이라.

5.1.4. 다음의 군은 비자명한 내직적 $G = N_1 \times N_2$로 쓸 수 없음을 보이라.

(1) 대칭군 $G = S_3$

(2) 다이히드럴 군 $G = D_4$

(3) 쿼터니언 군 $G = Q$

5.1.5. 위수 p^2q인 군 G에 대하여 $n_p = n_q = 1$이면 군 G는 가환군임을 증명하라. 단, p, q는 서로 다른 소수이다.

5.1.6. (탐구문제) 군 G_1과 G_2의 위수 $|G_1|$과 $|G_2|$가 서로소이면 직적의 부분군 $H < G_1 \times G_2$은 $H = H_1 \times H_2$임을 보이라. 단, $H_i < G_i$, $i = 1, 2$이다.

5.1.7. 위수가 $|G| = p^2$인 군 G에 대하여 일반화된 실로우 II 정리를 이용하여 $\langle a \rangle, \langle b \rangle \lhd G$이고 $\mathrm{ord}(a) = \mathrm{ord}(b) = p$인 원소 $a, b \in G$가 존재함을 증명하라. 단, $a \neq b$이다.

5.1.8. 정규 부분군 $N \lhd G$에 대하여 등식 $G = N \dot{\times} K$가 성립하는 어떤 부분군 K가 존재하면 $K \cong G/N$임을 보이라.

5.1.9. 군 준동형사상 $f : G \to G'$와 정규 부분군 $N \lhd G$에 대하여 제약 사상 $f|_N : N \to G'$를 동형사상이라 하면 $G = N \dot{\times} \ker(f)$임을 보이라. 단, G는 유한군이다.

5.1.10. $\text{Aut}(\mathbb{Z}_3) \cong \mathbb{Z}_2$ 임을 증명하라.

5.1.11. (탐구문제) 문제 5.12의 상황에서 n_2와 n_3의 값을 각각 구하라.

5.1.12. 곱집합 $G = \mathbb{Z} \times \mathbb{Z} \times \mathbb{Z}$의 이항연산

$$(x_1, y_1, z_1) * (x_2, y_2, z_2) = (x_1 + x_2, y_1 + y_2, y_1x_2 + z_1 + z_2)$$

에 대하여 G는 군을 이룬다. 다음 물음에 답하라.

(1) 항등원과 원소 $(x, y, z) \in G$에 대한 역원을 구하라.

(2) $(x, y, z) * (a, b, c) * (x, y, z)^{-1} = (a, b, ya - xb + c)$임을 증명하라.

5.1.13. (탐구문제) 직적 $H \times K$의 원소 (h, k)의 위수는

$$\text{ord}((h, k)) = [\text{ord}(h), \text{ord}(k)]$$

임을 증명하는 과정이다. 다음 물음에 답하라.

(1) 군 준동형사상 $f : G \to G'$에 대하여 $\text{ord}(f(g)) \mid \text{ord}(g)$임을 보이라.

(2) 표준 사영 사상 $p_1 : H \times K \to H$, $p_2 : H \times K \to K$을 이용하여 $[\text{ord}(h), \text{ord}(k)] | \text{ord}(h, k)$임을 보이라.

(3) 위수의 최소성을 이용하여 $\text{ord}(h, k) | [\text{ord}(h), \text{ord}(k)]$임을 확인하라.

5.1.14. (도전문제) 유한군 G의 부분군의 개수가 세 개이면 $G \cong \mathbb{Z}_{p^2}$ 임을 보이라. 단, p는 소수이다.

5.2 유한 가환군의 분류

지금까지 다루어 오던 가환군의 형태는 순환군 $\mathbb{Z}_n$ 또는 이들의 직적 형태이다. 이 단원에서 이런 형태가 전부라는 것을 증명한다. 가환군의 부분군은 항상 정규 부분군이라는 사실로 인해 논리 전개가 수월하다. 가환군의 위수의 소인수 개수에 관한 귀납적 상황을 고민할 것이므로 $|G| = p^n q^m$(p와 q는 서로 다른 소수)으로 가정한다. 실로우 I 정리로부터 위수가 p^n인 정규 부분군 P, 위수가 q^n인 정규 부분군 Q가 각각 존재한다. 그리고 라그랑주 정리로부터 $P \cap Q = \{e\}$이므로 내직적 $G = P \oplus Q$로 표현 가능하다. 따라서 유한 가환군을 분류하기 위해서는 위수가 p^n인 가환군을 분류하는 것이 핵심 사안이다.

5.2.1 위수 p^n인 가환군의 분류

도움정리 5.16

가환군 G에서 정의된 군 준동형사상 $f : G \to G'$에 대하여 $f \circ s = \mathrm{id}_{G'}$인 준동형사상 $s : G' \to G$가 존재하면

$$\phi : \ker(f) \times \mathrm{im}(f) \cong G,\ (k, n) \mapsto k^{-1}s(n)$$

은 군 동형사상이다.

증명 $\phi(k,n)\phi(k',n') = k^{-1}s(n)k'^{-1}s(n') = (kk')^{-1}s(nn') = \phi(kk',nn')$ 이므로 ϕ는 군 준동형사상이다. 그리고 $(k,n) \in \ker(\phi) \Rightarrow k^{-1}s(n) = e \overset{k=s(n)}{\Rightarrow} n = f(s(n)) = f(k) = e' \Rightarrow k = e \Rightarrow \ker(\phi) = \{(e,e')\}$이므로 ϕ는 일대일이다. 임의의 $x \in G$에 대하여 조건으로부터 $f(s(f(x))x^{-1}) = f(s(f(x)))f(x^{-1}) = f(x)f(x^{-1}) = e'$이므로

$$\phi((s(f(x))x^{-1}, f(x))) = (s(f(x))x^{-1})^{-1}s(f(x)) = x$$

이다. 즉, ϕ는 위로의 함수이다. □

다음 명제는 위수가 소수의 거듭제곱인 임의의 가환군의 형태는 거듭제곱의 분할수에만 의존한다는 것을 말해준다. 증명의 핵심은 가장 큰 위수를 갖는 원소로 생성되는 순환 부분군이 가환군의 직적 표현의 한 성분이 된다는 점이다.

명제 5.17 **위수 p^n인 가환군**

위수가 $|G| = p^n$인 가환군 G는 다음과 같은 형태이다.

$$G \cong \mathbb{Z}_{p^{n_1}} \oplus \mathbb{Z}_{p^{n_2}} \oplus \mathbb{Z}_{p^{n_2}} \oplus \cdots \oplus \mathbb{Z}_{p^{n_k}},$$

$n = n_1 + n_2 + n_3 + \cdots + n_k$, $1 \le n_1 \le n_2 \le \cdots \le n_k$는 자연수 n의 분할이다. 특히, 서로 동형이 아닌 가환군 G의 가짓수는 **자연수 n의 분할수(number of partitions)**와 같다.

증명 Step 0. 원소 $a \in G$를 $\mathrm{ord}(a) = \max\{\mathrm{ord}(g) \mid \forall g \in G\}$라 하자. 만약 $\mathrm{ord}(a) = p^n$이면 G는 순환군이다. 따라서 $\mathrm{ord}(a) < p^n$이라 하자.

$$G \cong \langle a \rangle \dot{\times} H_n$$

임을 (강한) 귀납법으로 증명한다. $n = 1$이면 $G \cong \mathbb{Z}_p$이므로 명제는 참이다.

Step 1. $\langle b \rangle \cap \langle a \rangle = \{e\}$, $\mathrm{ord}(b) = p$인 $b \in G$가 존재함을 증명한다. $\mathrm{ord}(c) = \min\{\mathrm{ord}(c) \mid \forall c \in G - \langle a \rangle\} = p^l$이라 하자$(l \ge 2)$. 그러면 $\mathrm{ord}(c) = p^l \mid \mathrm{ord}(a)$이다. 그런데 $\mathrm{ord}(c^p) = \frac{\mathrm{ord}(c)}{(p, \mathrm{ord}(c))} = p^{l-1}$이므로 c의 위수의 최소성으로부터 $c^p \in \langle a \rangle$이다. 즉,

$$c^p = a^r \Rightarrow \mathrm{ord}(c^p) = \frac{\mathrm{ord}(a)}{(r, \mathrm{ord}(a))} = \mathrm{ord}(a^r) \Rightarrow p^{-l+1}\mathrm{ord}(a) = (r, \mathrm{ord}(a)) \Rightarrow p \mid r.$$

Step 2. $b = a^{-\frac{r}{p}}c \Rightarrow b^p = a^{-r}c^p = e$ 이고 $c \notin \langle a \rangle$이므로 $b \notin \langle a \rangle$이다. 따라서 $\mathrm{ord}(b) = p$이고 조건을 만족시킨다.

Step 3. 표준사영사상 $\pi : G \to G/\langle b \rangle, g \mapsto g\langle b \rangle$에 대하여 $\mathrm{ord}(a\langle b \rangle) = \mathrm{ord}(a)$이므로 $a\langle b \rangle$는 상군 $G/\langle b \rangle$에서 최대의 위수를 갖는 원소이다(연습문제 5.2.4). 그러면 $|G/\langle b \rangle| < |G|$이므로 귀납법 가정으로부터

$$G/\langle b \rangle = \langle a\langle b \rangle \rangle \dot{\times} H_{n-1}$$

인 부분군 $H_{n-1} \le G/\langle b \rangle$가 존재한다.

Step 4. 사영사상

$$p_1 : \langle a\langle b \rangle \rangle \dot{\times} H_{n-1} \to \langle a\langle b \rangle \rangle, (a^i\langle b \rangle, h) \mapsto a^i\langle b \rangle$$

와 표준사영사상과의 합성함수 $p_1 \circ \pi : G \to \langle a\langle b\rangle\rangle$에 대하여 대응을 $s : \langle a\langle b\rangle\rangle \to G, a^i\langle b\rangle \mapsto a^i$으로 두자. $a^i\langle b\rangle = a^j\langle b\rangle \Rightarrow a^{-i+j} \in \langle b\rangle \Rightarrow a^{-i+j} = e \Rightarrow a^i = a^j$이므로 s는 군 준동형사상이다. 그리고 정의로부터 $(p_1 \circ \pi) \circ s = \mathrm{id}_{\langle a\langle b\rangle\rangle}$이다.

Step 5. 도움정리 5.16으로부터

$$G \cong \ker(p_1 \circ \pi) \times \mathrm{im}(p_1 \circ \pi) = \ker(p_1 \circ \pi) \times \langle a\langle b\rangle\rangle$$

이다. 우변의 부분군에 해당하는 것들을 좌변에서 찾아주면 내직적으로 쓸 수 있어 증명은 완결되었다.

Step 6. $d_i = |p^iG/p^{i+1}G|$, $i \geq 0$는 군 G의 위수가 p^{i+1}이상인 직적 성분의 개수이다. 그리고 서로 다른 분할은 서로 다른 수열 $\{d_i\}$을 생성한다. 따라서 자연수 n의 분할수만큼의 동형이 아닌 가환군이 존재한다. □

위수가 8인 가환군은 $\mathbb{Z}_2 \oplus \mathbb{Z}_2 \oplus \mathbb{Z}_2$, $\mathbb{Z}_2 \oplus \mathbb{Z}_4$, $\mathbb{Z}_8$ 중 어느 하나와 동형이다. 그리고 이 세 개의 군은 서로 동형이 아니다. 왜냐하면 각각의 군의 원소의 위수 중 최대인 것은 2, 4, 8 이기 때문이다.

예제 5.18

위수가 $625 = 5^4$인 서로 동형이 아닌 가환군 G를 모두 나열해보자. $4 = 4, 1+3, 2+2, 1+1+2, 1+1+1+1$로 총 5가지의 분할 방법이 있다. 그러므로

$$G \cong \mathbb{Z}_{5^4},\ \mathbb{Z}_5 \oplus \mathbb{Z}_{5^3},\ \mathbb{Z}_{5^2} \oplus \mathbb{Z}_{5^2},\ \mathbb{Z}_5 \oplus \mathbb{Z}_5 \oplus \mathbb{Z}_{5^2},\ \mathbb{Z}_5 \oplus \mathbb{Z}_5 \oplus \mathbb{Z}_5 \oplus \mathbb{Z}_5$$

이다.

5.2.2 유한 가환군의 분류

도움정리 5.19

$\mathbb{Z}_m \oplus \mathbb{Z}_n \cong \mathbb{Z}_{\gcd(m,n)} \oplus \mathbb{Z}_{\mathrm{lcm}(m,n)}$이다.

증명 좌변의 원소 중 $(\frac{m}{\gcd(m,n)}, 0)$과 $(1,1)$의 위수는 각각

$$\mathrm{ord}((\frac{m}{\gcd(m,n)}, 0)) = \gcd(m,n),\ \mathrm{ord}((1,1)) = \mathrm{lcm}(m,n)$$

이고 $\langle(\frac{m}{\gcd(m,n)},0)\rangle \cap \langle(1,1)\rangle = \{(0,0)\}$ 이다. 그러므로 $\mathbb{Z}_m \oplus \mathbb{Z}_n = \langle(\frac{m}{\gcd(m,n)},0)\rangle \oplus \langle(1,1)\rangle$ 이다. □

따름정리 5.20 유한 가환군의 기본정리

위수가 m 인 가환군 G 는

$$G \cong \mathbb{Z}_{d_1} \oplus \mathbb{Z}_{d_2} \oplus \cdots \oplus \mathbb{Z}_{d_k} \tag{5.3}$$

와 동형이다. 단, $d_1 \mid d_2 \mid \cdots \mid d_{k-1} \mid d_k$, $\prod_{i=1}^{k} d_i = m$ 이다. 특히, 서로 동형이 아닌 가환군의 개수는 m 의 각 소인수들의 거듭제곱의 분할수의 곱과 같다.

증명 예를 들어 증명한다. 가환군 G 의 위수가 $|G| = p^5q^7r^3$ (p, q, r 은 서로 다른 소수)으로 소인수분해 된다고 하자. 실로우 I 정리로부터 위수 p^5, q^7, r^3 인 부분군 P, Q, R 이 존재한다. 라그랑주 정리로부터 $G = P \oplus Q \oplus R$ 이다. 명제 5.17로부터 세 군 P, Q, R 은 5, 7, 3의 분할수에 해당하는 순환군의 직합과 동형이다. 예를 들어 $5 = 1 + 2 + 2$, $7 = 2 + 2 + 3$, $3 = 0 + 1 + 2$ 라 하자. 단, 0은 분할되는 개수가 최대인 것의 앞쪽에 추가한다. 즉, $P \cong \mathbb{Z}_p \oplus \mathbb{Z}_{p^2} \oplus \mathbb{Z}_{p^2}$, $Q \cong \mathbb{Z}_{q^2} \oplus \mathbb{Z}_{q^2} \oplus \mathbb{Z}_{q^3}$, $R \cong \mathbb{Z}_{r^0} \oplus \mathbb{Z}_r \oplus \mathbb{Z}_{r^2}$ 이다. 따라서 도움정리 5.19로부터 $G \cong \mathbb{Z}_{pq^2} \oplus \mathbb{Z}_{p^2q^2r} \oplus \mathbb{Z}_{p^2q^3r^2}$ 이다. 가환군 G 의 위수 p^5 인 부분군은 유일하므로(실로우 II 정리) 서로 동형이 아닌 위수 p^5 인 부분군에 대하여 서로 동형이 아닌 가환군 G 가 존재한다. 따라서 동형이 아닌 가환군의 개수는 분할수의 곱과 같다. □

따름정리 5.20의 (5.3)과 같은 형태의 가환군 분해를 불변인자분해(invariant factor decomposition)라 한다.

문제 5.21

가환군 $G = \mathbb{Z}_{12} \oplus \mathbb{Z}_{16} \oplus \mathbb{Z}_{20}$ 을 유한 가환군의 기본정리의 형태 (5.3)로 표시하라. 그리고 군 G 의 원소의 위수의 최댓값을 구하라.

풀이 도움정리 5.19로부터 $\mathbb{Z}_{12} \oplus \mathbb{Z}_{16} \cong \mathbb{Z}_4 \oplus \mathbb{Z}_{48}$ 이므로 $G \cong \mathbb{Z}_4 \oplus (\mathbb{Z}_{48} \oplus \mathbb{Z}_{20}) \cong \mathbb{Z}_4 \oplus \mathbb{Z}_4 \oplus \mathbb{Z}_{240}$ 이다. 따라서 최대의 위수는 $\operatorname{ord}(0,0,1) = 240$ 이다. □

5.2.3 연습문제

5.2.1. (탐구문제) 위수 24, 30, 36 인 서로 동형이 아닌 가환군을 모두 나열하라.

5.2.2. 가환군 $G = \mathbb{Z}_{12} \oplus \mathbb{Z}_{16} \oplus \mathbb{Z}_{20}$ 의 항등원이 아닌 원소들의 위수의 최솟값을 구하라.

5.2.3. 가환군 $\mathbb{Z}_4 \oplus \mathbb{Z}_{50} \oplus \mathbb{Z}_{49}$ 안의 원소 $(2, 3, 7)$ 의 위수를 구하라.

5.2.4. 유한군 G 의 정규 부분군 $N \lhd G$ 에 대하여 $\langle g \rangle \cap N = \{e\}$ 이면 $\mathrm{ord}(gN) = \mathrm{ord}(g)$ 임을 보이라.

5.2.5. (도전문제) 가환군 G 의 부분군 H 에 대하여 $H \oplus (G/H) \cong G$ 인가?

5.2.6. (2011) $G = \mathbb{Z}_{12} \times \mathbb{Z}_7$ 의 모든 부분군은 정규 부분군임을 보이라.

5.2.7. (탐구문제) 위수가 $n(\geq 2)$ 인 유한 가환군 G 에 대하여, 임의의 약수 $d|n$ 을 위수로 하는 부분군 H 가 존재함을 보이라.

5.2.8. (탐구문제) 유한군 G 의 임의의 원소 g 에 대하여 $g^2 = e$ 이면 $G \cong \bigoplus_{i=1}^{m} \mathbb{Z}_2$ 를 보이라.

5.2.9. (2010) 군 G 가 유한군이고 H 와 K 가 G 의 부분군일 때, 다음 명제 중 옳지 않은 것은?

(1) G 와 H 의 부분군의 개수가 같으면 $G = H$ 이다.

(2) G 가 가환군이면 HK 는 G 의 정규 부분군이다.

(3) G 의 위수가 12이면 G 는 단순군이다.

(4) G 가 순환군이면 H 와 K 는 모두 가환군이다.

(5) $H^{-1} = \{g^{-1} \mid g \in H\}$ 는 G 의 부분군이다.

5.2.10. (탐구문제) 위수가 $|G| = 8$인 군을 $G = \{a_0, a_1, \cdots, a_7\}$로 표시할 때, 이항연산 $*$가 다음 두 조건을 만족시킨다.

(a) $a_i * a_j = a_k,\ k \le i + j,$

(b) $a_i * a_i = a_0,\ 0 \le i \le 7.$

이때, G와 동형인 군을 말하라.

5.2.11. (2013) 위수가 400인 가환군 중에서 서로 동형이 아닌 것의 종류는 8가지임을 보이라.

5.2.12. (2012) $\mathbb{Z}_4 \times \mathbb{Z}_{18} \times \mathbb{Z}_{15}$와 $\mathbb{Z}_3 \times \mathbb{Z}_{36} \times \mathbb{Z}_{10}$이 동형인지 아닌지 판별하고 그 이유를 설명하라.

5.2.13. (2018, 탐구문제) 위수가 각각 10과 n인 두 순환군 $\mathbb{Z}_{10}$과 $\mathbb{Z}_n$의 직적곱 $\mathbb{Z}_{10} \times \mathbb{Z}_n$이 순환군이 되도록 하는 10이상이고 100이하인 자연수 n의 개수를 구하라.

5.2.14. (2025) 위수가 각각 4와 $p^n - 1$인 두 순환군 $\mathbb{Z}_4$과 $\mathbb{Z}_{p^n-1}$의 직적곱 $\mathbb{Z}_4 \times \mathbb{Z}_{p^n-1}$이 위수 160이하인 순환군이 되도록 하는 소수 p와 양의 정수 n을 모두 찾아라.

5.2.15. 위수가 $8q$인 군 G에 대하여 $n_2 = n_q = 1$이지만 비가환군인 예를 제시하라. 단, q는 홀수인 소수이다.

5.2.16. 다음 명제의 진위를 판정하고 이유를 설명하라.

(1) (2009) 위수가 27인 가환군 중에서 동형이 아닌 것의 종류는 3가지이다.

(2) (2013) 위수가 400인 가환군 중에서 서로 동형이 아닌 것의 종류는 8가지이다.

5.3 무한 가환군, 단원군 그리고 군의 중심

이 단원은 무한(유한)가환군의 상군과 단원군이 주 논의 대상이다. 한편, 군의 부분군 중 가장 큰 가환 부분군을 군의 작용 개념을 이용하여 탐구한다.

5.3.1 무한 가환군의 상군

지금까지는 위수가 유한인 가환군만을 주로 다뤄왔다. 하지만 우리가 익히 알고 있듯이 무한인 가환군 ($\mathbb{Z} \oplus \mathbb{Z}$)도 얼마든지 생각할 수 있고 그 범주는 매우 넓다. 이 단원에서는 무한 가환군의 몇 가지 예와 성질을 살펴본다. 먼저 임의의 유한 가환군은 무한 가환군의 상군으로 표시할 수 있음을 증명한다. 다시 말해 유한 가환군의 구조는 무한 가환군의 구조로부터 유도할 수 있다.

문제 5.22

위수가 m인 가환군 G에 대하여 위로의 군 준동형사상

$$f : \bigoplus_{i=1}^{m} \mathbb{Z} \to G$$

이 존재함을 보이라.

풀이 가환군을 $G = \{g_1, g_2, \cdots, g_m\}$이라 하고 함수

$$f : \bigoplus_{i=1}^{m} \mathbb{Z} \to G,\ f(s_1, s_2, \cdots, s_m) = g_1^{s_1} g_2^{s_2} \cdots g_m^{s_m}$$

으로 정의하면 G가 가환이므로 f는 군 준동형사상이다. 그리고

$$f((1,0,0,\cdots,0)) = g_1, f((0,1,0,\cdots,0)) = g_2, \cdots, f((0,0,0,\cdots,1)) = g_m$$

이므로 위로의 사상이다. □

직합 $\bigoplus_{i=1}^{m}\mathbb{Z}$의 부분군의 형태가 각 성분군의 부분군의 직합 $\bigoplus_{i=1}^{m} H_i,\ H_i \le \mathbb{Z}$이 **아닌** 예에 대해 탐구해 보자. 군 G의 두 원소 $a, b \in G$에 대하여 a와 b의 **유한번**의 모든 이항연산으로 생성되는 부분군을

$$\langle a, b\rangle = \{a^{i_1} b^{i_2} a^{i_3} b^{i_4} \cdots a^{i_{2m}} b^{i_{2m}} | i_k \in \mathbb{Z}, 1 \le k \le m\}$$

으로 표기했음을 상기하자. 특히, G가 가환군이면 $\langle a,b\rangle = \{i\cdot a + j\cdot b \mid i,j\in\mathbb{Z}\}$로 간략히 줄여 쓸 수 있다.

예제 5.23

$G=\mathbb{Z}\oplus\mathbb{Z}$의 두 부분군 $H=\langle(1,0)\rangle$, $K=\langle(1,-2)\rangle$에 대하여 동형사상 $G/H\cong G/K\cong\mathbb{Z}$를 각각 찾아보자. 사영사상 $p_2:G\to\mathbb{Z}$, $p_2(x,y)=y$에 대하여 $\ker(p_2)=H=\mathbb{Z}\oplus\{0\}\Rightarrow G/H\cong\mathbb{Z}$이다. 한편, 군 준동형사상을 $\pi:G\to\mathbb{Z}, \pi(x,y)=2x+y$로 정의하면 제 I 동형정리로부터 $G/K\cong\mathbb{Z}$이다.

문제 5.24

군 $G=\mathbb{Z}\oplus\mathbb{Z}\oplus\mathbb{Z}$의 부분군 $H=\langle(1,1,0),(0,2,3)\rangle$에 대하여 동형사상 $G/H\cong\mathbb{Z}$을 구하라.

풀이 먼저 $f:G\to\mathbb{Z}, (x,y,z)\mapsto ax+by+cz$인 $a, b, c\in\mathbb{Z}$를 찾아보자. H가 f의 핵이 되기 위한 조건은 $a+b=2b+3c=0\Rightarrow a=-b,\ 2b=-3c\Rightarrow(a,b,c)=(3k,-3k,2k)$, $k\in\mathbb{Z}$이다. 그래서 $f(x,y,z)=3x-3y+2z$로 두자. 실제로 $\ker(f)=H$임을 확인하자. 사상 f의 구성으로부터 $\ker(f)\supset H$이다. 역으로 $(x,y,z)\in\ker(f)\Rightarrow 3x-3y+2z=0\Rightarrow 2z=3(y-x)\Rightarrow(x,y,z)=(x,x+2s,3s)=x(1,1,0)+s(0,2,3)$, $s\in\mathbb{Z}$이다. 즉, $\ker(f)\subset H$이다. 그리고 임의의 $t\in\mathbb{Z}$에 대하여 $f(0,-t,-t)=t$이므로 f는 위로의 사상이다. 끝으로 동형사상은 상군에서 정의하면 된다. 즉,

$$\overline{f}((x,y,z)+H)=f(x,y,z),\ G/H\overset{\overline{f}}{\cong}\mathbb{Z}$$

이다. □

문제 5.25

$\mathbb{Z}\oplus\mathbb{Z}/\langle(4,6)\rangle\cong\mathbb{Z}\oplus\mathbb{Z}_2$를 증명하라.

풀이 $f:\mathbb{Z}\oplus\mathbb{Z}\to\mathbb{Z}\oplus\mathbb{Z}_2,\ (x,y)\mapsto(3x-2y,\overline{y})$로 정의하자. f는 선형 사상이므로 군 준동형사상이다. $f(x,y)=(0,\overline{0})\Leftrightarrow 3x-2y=0,\ \overline{y}=\overline{0}\Leftrightarrow x=4m,\ y=6m\Leftrightarrow\ker(f)=\langle(4,6)\rangle$이다. $f(-1,-2)=(1,\overline{-2})=(1,\overline{0})\Rightarrow(n,\overline{0})\in\mathrm{im}(f)$이고

$f(1,1) = (1,\bar{1}) \Rightarrow (2m+1,\bar{1}) \in \mathrm{im}(f)$이다. $(2m,\bar{1}) = (2m+1,\bar{1}) - (1,\bar{0})$이므로 $\mathrm{im}(f) = \mathbb{Z} \oplus \mathbb{Z}_2$이다. 따라서 제I 동형정리로부터 증명되었다. □

문제 5.26

$\mathbb{Z}_4 \oplus \mathbb{Z}_6/\langle(1,2)\rangle \cong \mathbb{Z}_2$를 증명하고 생성원을 찾아라.

풀이 $\mathrm{ord}((1,2)) = [\mathrm{ord}(1), \mathrm{ord}(2)] = 12$이다. 따라서 $|\mathbb{Z}_4 \oplus \mathbb{Z}_6/\langle(1,2)\rangle| = 2$이므로 상군은 $\mathbb{Z}_2$와 동형이다. 문제의 상군의 생성원을 $\mathbb{Z}_4 \oplus \mathbb{Z}_6/\langle(1,2)\rangle = \langle(a,b) + \langle(1,2)\rangle\rangle$라 하자. 그러면 $(a,b) \in \mathbb{Z}_4 \oplus \mathbb{Z}_6 \setminus \langle(1,2)\rangle$, $2 \cdot (a,b) \in \langle(1,2)\rangle$이어야 하므로 $(a,b) = (1,5)$로 선택할 수 있다. □

일반적으로 $\mathbb{Z}_n \oplus \mathbb{Z}_m/\langle(a,b)\rangle \cong \mathbb{Z}_{d_1} \oplus \mathbb{Z}_{d_2}$가 성립한다. 단, $d_1 = \gcd(n,m,a,b)$, $d_1 d_2 = \gcd(nm, am, bn)$이다.

5.3.2 단원군과 원시근

단원군 $\mathbb{Z}_n^*$은 곱셈에 대하여 위수가 $|\mathbb{Z}_n^*| = \varphi(n)$인 가환군임을 상기하라(정의 1.39와 문제 1.39). 이 단원에서는 단원군에 가환군의 기본정리를 적용하여 그 특징을 살펴본다. 대부분 정수론의 원시근 관련 논의를 군의 언어로 바꾼 것이다.

문제 5.27

$\mathbb{Z}_3^*$, $\mathbb{Z}_5^*$, $\mathbb{Z}_8^*$, $\mathbb{Z}_{12}^*$중 순환군인 것을 고르고 그것의 생성원을 하나 제시하라.

명제 5.28

서로소인 자연수 m, n에 대하여 $\mathbb{Z}_{mn}^* \cong \mathbb{Z}_m^* \oplus \mathbb{Z}_n^*$이 성립한다.

증명 군 준동형사상을 $f : \mathbb{Z}_{mn}^* \to \mathbb{Z}_m^* \oplus \mathbb{Z}_n^*$, $\bar{g} \mapsto (\bar{g}, \bar{g})$라 하면 $\ker(f) = \{1\}$이다. 그런데 정의역과 공역의 원소의 개수는 오일러 정리 $(\varphi(mn) = \varphi(m)\varphi(n))$로부터 같으므로 f는 동형함수이다. □

명제 5.29

소수 p에 대하여 단원군 $\mathbb{Z}_p^*$은 순환군이다. 즉, $\mathbb{Z}_p^* \cong (\mathbb{Z}_{p-1}, +)$이다.

증명 덧셈군 $\mathbb{Z}_p$의 원소를 계수로 하는 다항식의 집합에서 **인수정리**(factor theorem)가 성립한다는 사실을 이용하여 증명한다. 유한 가환군의 기본 정리로부터

$$\mathbb{Z}_p^* \cong \mathbb{Z}_{d_1} \oplus \mathbb{Z}_{d_2} \oplus \cdots \mathbb{Z}_{d_k},\ d_1 \cdot d_2 \cdots d_k = p-1$$

과 동형이다. 단, $d_1|d_2|\cdots|d_k$이다. 따라서 $g \in \mathbb{Z}_p^*$이면 $g^{d_k} = 1$이다. 즉, 단원군 $\mathbb{Z}_p^*$의 임의의 원소는 다항 방정식 $x^{d_k} - 1 = 0$ 의 근이다. 그런데

$$\begin{aligned} \deg(x^{d_k} - 1) = d_k,\ |\mathbb{Z}_p^*| = p-1 \Rightarrow p-1 \le d_k \\ \Rightarrow d_1 = d_2 = \cdots = d_{k-1} = 1,\ d_k = p-1 \end{aligned}$$

이다. 즉, $\mathbb{Z}_p^* \cong \mathbb{Z}_{d_k} = \mathbb{Z}_{p-1}$이다. □

명제 5.30

단원군 $\mathbb{Z}_m^*$이 순환군일 필요충분조건은 $m = 1, 2, 4, p^k, 2p^k$ 이다. 단, p는 홀수인 소수이다.

명제 5.30의 증명은 정수론 교재를 참고하자.

따름정리 5.31

$m = p_1^{n_1} p_2^{n_2}$, ($p_1 \neq p_2$는 소수)이면 $\mathbb{Z}_m^* \cong \mathbb{Z}_{\varphi(p_1^{n_1})} \oplus \mathbb{Z}_{\varphi(p_2^{n_2})}$ 이다.

증명 명제 5.28, 명제 5.30, 그리고 $|\mathbb{Z}_n^*| = \varphi(n)$으로부터 성립한다. □

정의 5.32 원시근(primitive root)

단원군 $\mathbb{Z}_n^* = \langle g \rangle$이 순환군일 때 생성원 g를 덧셈군 $\mathbb{Z}_n$에 대한 **원시근**이라 한다.

이때, $\text{ord}(g) = \varphi(n)$이므로 서로 다른 원시근(생성원)의 개수는 $\varphi(\varphi(n))$이다.

문제 5.33

다음 물음에 답하라.

(1) 단원군 $\mathbb{Z}_4^* \cong \mathbb{Z}_2$임을 보이라.

(2) 단원군 $\mathbb{Z}_{27}^*$의 원시근을 모두 찾아라.

단원군 $\mathbb{Z}_n^*$의 원시근을 g라 할 때 함수 $\text{ind}: \mathbb{Z}_n^* \to (\mathbb{Z}_{\varphi(n)}, +)$, $g^i \mapsto i$는 군 준동형사상이다. 즉,

$$\text{ind}(g^i) + \text{ind}(g^j) = \bar{i} + \bar{j} = \overline{i+j} = \text{ind}(g^{i+j}) = \text{ind}(g^i \cdot g^j)$$

이다. 이러한 성질 때문에 **이산 로그(discrete logarithm)**라는 이름을 붙인 것이다. 한편, 단원군 $\mathbb{Z}_n^*$은 덧셈군 $\mathbb{Z}_n$의 자기동형사상군과 동일시화 할 수 있다.

명제 5.34

자연수 n에 대하여 $\mathbb{Z}_n^* \cong \text{Aut}(\mathbb{Z}_n)$이다.

증명 군 $\mathbb{Z}_n$이 순환군이므로 임의의 $\phi \in \text{Aut}(\mathbb{Z}_n)$은 함숫값 $\phi(1)$로부터 완전히 결정된다. 만약 $\phi(1) = \bar{a}$라 하면 ϕ는 동형사상이므로 $\text{ord}(\bar{a}) = n$이어야 한다. 즉, $(a, n) = 1$이다. 군 준동형사상을 $\Phi : \mathbb{Z}_n^* \to \text{Aut}(\mathbb{Z}_n)$, $a \mapsto [k \mapsto a \cdot k]$로 설정하면 Φ는 동형사상임을 확인할 수 있다. □

5.3.3 군의 중심

유한 가환군의 기본정리로부터 유한 가환군은 그것의 구조(연산표)에 대해 완벽히 이해할 수 있다는 결론에 이르렀다. 이 단원에서는 비가환군이 가환군과 얼마나 가까운지를 말할 수 있는 개념을 한 가지 소개하고자 한다. 군 G를 그 자신 G에 켤레류로 작용 시키자. 즉,

$$G \times G \to G,\ (g, x) \mapsto g * x * g^{-1} = g \cdot x \tag{5.4}$$

로 정의하자. 이때, 안정자 부분군이 군 G가 되는 원소들을 모두 모은 집합을 군 G의 **중심(center)**이라 하자. 기호는

$$Z(G) = \{x \in G \mid G_x = G\} = \{x \in G \mid gx = xg, \forall g \in G\}$$

로 표기한다.

명제 5.35

다음이 성립한다.

(1) G가 가환일 필요충분조건은 $Z(G) = G$이다.

(2) $Z(G)$는 G의 가환인 정규 부분군이다.

증명 (1) 귀류법을 적용한다.

(2) $g_1, g_2 \in Z(G) \Rightarrow g(g_1(g_2)^{-1}) = g_1 g(g_2)^{-1} = g_1(g_2)^{-1} g \Rightarrow g_1(g_2)^{-1} \in Z(G)$이다. 그리고 임의의 $g \in G, z \in Z(G)$이면 정의로부터 $gzg^{-1} = z \in Z(G)$이다. □

문제 5.36 **탐구문제**

다음 물음에 답하라.

(1) 다이히드럴 군 D_4에 대하여 $Z(D_4)$를 구하라.

(2) 다이히드럴 군 D_p에 대하여 $Z(D_p) = \{e\}$임을 보이라. 단, $p \geq 3$인 소수이다.

풀이 (1) $Z(D_4) = \{r^0, r^2\}$이다.

(2) $1 \leq k \leq p-1$인 k에 대하여 $r^k \in Z(G)$이면 $sr^k = r^k s \Rightarrow r^{-k}s = r^k s \Rightarrow r^{2k} = e \Rightarrow p = \mathrm{ord}(r) | 2k$이므로 모순이다. 한편, $sr^k \in Z(G) \Rightarrow (sr^k)r = r(sr^k) \Rightarrow sr^{k+1} = sr^{-1}r^k = sr^{k-1} \Rightarrow r^2 = e$이다. $p = \mathrm{ord}(r)|2$이므로 모순이다. □

중심을 이용하여 군 G의 가환성을 판별할 수 있다.

명제 5.37

상군 $G/Z(G)$가 순환군이면 군 G는 가환군이다.

증명 $G/Z(G) = \langle gZ(G) \rangle$라 하자. 그러면 G의 임의의 두 원소 g_1, g_2는

$$\begin{aligned} g_1 = g^k z_1, g_2 = g^l z_2 \Rightarrow g_1 g_2 &= g^k z_1 g^l z_2 = g^k g^l z_1 z_2 \\ &= g^l g^k (z_1 z_2) = g^l (z_1 z_2) g^k = g^l z_2 g^k z_1 = g_2 g_1 \end{aligned}$$

이므로 가환이다. □

켤레류 작용 (5.4)에 대해 군 작용의 일반적 이론(군의 궤도 분할와 궤도-안정자 정리)을 적용해 볼 수 있다.

도움정리 5.38 **결레류 방정식(class equation)**

위수가 $|G| = p^n$ 이면 $p \mid |Z(G)|$ 이다. 특히, $Z(G) \neq \emptyset$ 이다.

증명 작용 (5.4)에 의한 집합 $X = G$ 의 분할은 $|G| = \bigcup_{x \in G} |G \cdot x|$ 이다. 그리고 궤도-안정자 정리로부터 $|G \cdot x||G_x| = |G| = p^n \Rightarrow |G \cdot x| = 1$ 또는 $p||G \cdot x|$ 이다. $|G \cdot x| = 1$ 인 x 들의 집합이 곧 G 의 중심 $Z(G)$ 이다. 따라서

$$|G| = |Z(G)| + \bigcup_{x_i \in G,\ p||G \cdot x_i|} |G \cdot x_i| \Rightarrow p||Z(G)|$$

이다. 한편, $e \in Z(G) \Rightarrow |Z(G)| \neq 0$ 이다. □

한편, 군 중심의 특징을 활용하여 실로우 I 정리의 일반적 형태를 말할 수 있다.

명제 5.39

군 G 의 위수가 $|G| = p^n$ 이면 $|H| = p^s$, $1 \leq s \leq n$ 인 부분군 H 가 존재한다.

증명 자연수 n 에 대한 강한 귀납법으로 증명한다. $n = 1$ 이면 $G \cong \mathbb{Z}_p$ 이므로 참인 명제이다. 표준사영사상 $\pi : G \to G/Z(G)$ 에 대하여 $p \mid |Z(G)| \Rightarrow |G/Z(G)| < |G|$ 이다(명제 5.35와 도움정리 5.38). 귀납법 가정으로부터 군 $G/Z(G)$ 안의 위수가 $\frac{p^s}{|Z(G)|}$ $(p^s \geq |Z(G)|)$ 인 부분군 $H/Z(G) < G/Z(G)$, $Z(G) \leq H \leq G$, $|H| = [H : Z(G)]|Z(G)| = \frac{p^s}{|Z(G)|} \cdot |Z(G)| = p^s$ 가 존재한다(대응정리). 위수가 $|Z(G)|$ 이하인 부분군은 중심군 $Z(G)$ 가 가환이므로 $Z(G)$ 안에 항상 존재한다(연습문제 5.2.7). □

5.3.4 연습문제

5.3.1 다음을 증명하라.

$$\mathbb{Z} \oplus \mathbb{Z}/\langle(1,2),(3,4)\rangle \cong \mathbb{Z}_2$$

5.3.2 (탐구문제) $\mathbb{Z} \oplus \mathbb{Z}_3/\langle(1,\overline{2})\rangle \cong \mathbb{Z}_3$ 임을 보이라.

5.3.3 군 준동형사상 $\phi : \mathbb{Z} \oplus \mathbb{Z} \to \mathbb{Z}_{12} \oplus \mathbb{Z}_6/\langle(5,5)\rangle$, $(x,y) \mapsto (x,y) + \langle(5,5)\rangle$ 의 $\ker(\phi) = \langle v, w\rangle$ 이다. 생성자 v, w 를 한 쌍 찾아라.

5.3.4 (탐구문제) 덧셈군 $G = \mathbb{Z}_6 \oplus \mathbb{Z}_{12}$ 에서 $(5, 5)$로 생성된 부분군을 H라 하자. 다음 물음에 답하라.

(1) (2015) 상군 G/H에서 원소 $(3, 3) + H$의 위수를 구하라.

(2) 등식 $G/H = \langle (m, n) + \langle (5, 5) \rangle$을 성립시키는 양의 정수 m, n를 한 쌍 찾아라.

5.3.5 단원군 $\mathbb{Z}_p^*$의 부분집합 $H = \{x^2 \mid x \in \mathbb{Z}_p^*\}$ 은 부분군임을 증명하라. 그리고 지표는 $|H| = \frac{p-1}{2}$임을 보이라.

5.3.6 서로소인 두 자연수 m과 n에 대하여 $\mathrm{Aut}(\mathbb{Z}_m \oplus \mathbb{Z}_n) \cong \mathrm{Aut}(\mathbb{Z}_m) \oplus \mathrm{Aut}(\mathbb{Z}_n)$임을 증명하라.

5.3.7 (2016) 군 준동형사상 $f \colon \mathbb{Z}_6 \times \mathbb{Z}_{12} \to \mathbb{Z}_{12}$를 $f(x, y) = 9y$로 정의하자. f의 핵을 K라고 할 때, 상군 $(\mathbb{Z}_{12} \times \mathbb{Z}_6)/K$의 위수를 구하라.

5.3.8 단원군 $\mathbb{Z}_{24}^*$와 $\mathbb{Z}_{45}^*$를 순환군의 직합(따름정리 5.20의 (5.3))으로 각각 분해하고, 각 군의 원소의 위수의 최댓값을 구하라.

5.3.9 n이 홀수일 때 다이히드럴 군 D_n의 중심은 $Z(G) = \{e\}$임을 보이라.

5.3.10 유한군 G의 가환인 정규 부분군 N에 대하여 $([G : N], |\mathrm{Aut}(N)|) = 1$이면 $N \leq Z(G)$임을 증명하는 과정이다. 빈칸에 알맞는 용어나 기호를 채우라.

> 증명) [(가)] 이므로 $\phi : G \to \mathrm{Aut}(N), g \mapsto [x \mapsto gxg^{-1}] = \lambda_g$로 군 준동형사상을 정의할 수 있다. 그리고 N은 가환이므로 $N < \ker(\phi)$이다. 왜냐하면
>
> $$n \in N \Rightarrow \boxed{(\text{나})} \Rightarrow \lambda_n = \mathrm{id}_N \Rightarrow n \in \ker(\phi)$$
>
> 이기 때문이다. 한편, 제 III 동형정리로부터 [(다)] 이므로 $|G/\ker(\phi)|$는 위수 [(라)] 와 $|\mathrm{Aut}(N)|$의 공약수인데 가정으로부터 $|G/\ker(\phi)| = 1 \Rightarrow G = \ker(\phi)$이다. 즉, $\phi(g) = \lambda_g = \mathrm{id}_N \Rightarrow gxg^{-1} = x \Rightarrow gx = xg, \forall g \in G,\ x \in N$이므로 $N < Z(G)$이다.

5.3.11 (탐구문제) $|K| = p^n$, $[K : H] = p$인 부분군 H은 정규 부분군 $H \lhd K$임을 보이라 (명제 5.39와 비교). 단, p는 소수이다.

5.3.12 (2013) 함수 $f : \mathbb{Z} \to \mathbb{Z}_2 \times \mathbb{Z}_3$을 $f(k) = ([k]_2, [k]_3)$으로 정의할 때, $\ker(f) = 6\mathbb{Z}$임을 보이라. (단 $[k]_n$은 $\mathbb{Z}$에서 법 n에 대한 k의 동치류이다.)

5.3.13 군 G의 위수가 2인 정규 부분군 H에 대하여 $H < Z(G)$임을 보이라.

5.3.14 군 G가 위수 2인 원소 $x \in G$가 유일하다면 $x \in Z(G)$임을 보이라.

제 6 장
갈무리와 미래

이 단원에서는 위수 12인 군을 분류하고 방정식 이론과 관련된 군을 소개한다. 그리고 군 작용을 이용하여 4차 이하의 방정식의 해공식을 만드는 데 필수적인 불변 다항식을 찾아본다.

6.1 위수 12인 군

지금까지 배워온 군에 대한 여러 가지 이론(실로우 정리)을 한 번에 적용해볼 수 있는 첫 번째 예제가 위수 12인 군의 분류 문제이다. 사실 위수 11 이하의 군은 라그랑주 정리, 코시 정리, 부분군의 좌잉여류 및 상집합(군) 개념만으로도 충분하다.

6.1.1 분류와 응용

위수 12인 **가환군**은 유한 가환군의 기본정리로부터 분류할 수 있다. 즉,

$$\mathbb{Z}_{12},\ \mathbb{Z}_2 \oplus \mathbb{Z}_6$$

중 하나와 동형이다.

명제 6.1 위수 12인 비가환군

위수가 $|G| = 12$인 비가환군 G는

$$A_4,\ D_6,\ \mathbb{Z}_3 \rtimes \mathbb{Z}_4 \text{ (반직적, 문제 5.12)}$$

중 하나와 동형이다.

증명 실로우 III 정리로부터 위수 3, 4인 부분군의 개수는 각각 $n_3 \in \{1,4\}$이고 $n_2 \in \{1,3\}$이다.

Step 0. $n_2 = n_3 = 1$이면 $P_3, Q_4 \lhd G$이고 $P_3 \cap Q_4 = \{e\}$이다. 따라서 $G = P_3 \times Q_4$는 가환이므로 논의 대상이 아니다.

Step 1. $n_3 = 4$이면 $G \cong A_4$임을 증명한다. 위수 3인 서로 다른 부분군의 집합을 $\mathcal{X}_3 = \{P_1, P_2, P_3, P_4\}$라 하자. 집합 $\mathcal{X}_3$ 위의 일대일대응의 군 (대칭군) S_4에 대하여

$$\psi : G \to S_4,\ g \mapsto [\sigma_g(P_i) \mapsto gP_ig^{-1}]$$

로 정의하자(실로우 II 정리). 그러면 $\ker(\psi) = \bigcap_{i=1}^{4} N_G(P_i) = \bigcap_{i=1}^{4} P_i \subset P_1 \cap P_2 = \{e\}$이다. 왜냐하면 $n_3 = [G : N_G(P_i)] = 4 \Rightarrow P_i \leq N_G(P_i) \Rightarrow P_i = N_G(P_i)$이기 때문이다. 따라서 $G \cong \mathrm{im}(\psi) \leq S_4$이다. 이때, 각각의 P_i의 원소는 짝치환으로 간주할 수 있고,

$\bigsqcup_{i=1}^{4}(P_i \setminus \{e\}) \subset G \cong \mathrm{im}(\psi) \le S_4$ 이므로 짝치환이 최소 8개 이상 있는 S_4의 부분군은 교대군 A_4뿐이다.

Step 2. $n_3 = 1$이고 $n_2 = 3$일 때 위수 4인 부분군들의 집합을 $\mathcal{X}_4 = \{Q_1, Q_2, Q_3\}$이라 하자. 집합 $\mathcal{X}_4$ 위의 일대일대응의 군 (대칭군) S_3에 대하여

$$\phi : G \to S_3, g \mapsto [\sigma_g(Q_i) \mapsto gQ_ig^{-1}]$$

으로 정의하자. 그러면 $\ker(\phi) = \bigcap_{i=1}^{3} N_G(Q_i) \overset{Q_i \le N_G(Q_i)}{=} \bigcap_{i=1}^{3} Q_i$이다. 실로우 II 정리로부터 $\mathcal{X}_4$의 서로 다른 두 원소는 켤레 관계이므로 $3 \le |\mathrm{im}(\phi)|||S_3| = 6$이다. 따라서 $|\mathrm{im}(\phi)| = 3$ 또는 6이다. $|\mathrm{im}(\phi)| = 3$이면 $|\ker(\phi)| = 4$이므로 $\ker(\phi) \in \mathcal{X}_4$이다. 그러면 $\ker(\phi) = \bigcap_{i=1}^{3} Q_i \subset Q_i \Rightarrow \ker(\phi) = Q_i$, $i = 1, 2, 3$이므로 $n_2 = 3$에 모순이다. 따라서 $|\mathrm{im}(\phi)| = 6$이므로 $|\ker(\phi)| = 2$이다. 라그랑주 정리로부터 $\ker(\phi) \cap P_3 = \{e\}$이다. $N = \ker(\phi) \times P_3 \lhd G$이다. 그런데 $N \cong \mathbb{Z}_6$이므로 위수가 6인 순환군이 G의 부분군이다.

Step 3. $N = \langle r \rangle$에 대한 군 G의 좌잉여류 분할을 $G = N \cup sN$, $s \in G$라 하자 rs의 값으로 가능한 것을 찾아본다.

(1) $rs = r^i \Rightarrow s \in G$이므로 모순이다.

(2) $rs = sr^i \Rightarrow s^{-1}rs = r^i \Rightarrow s^{-2}rs^2 = s^{-1}r^is = (s^{-1}rs)^i = r^{i^2} \overset{s^2 \in N}{\Rightarrow} r = r^{i^2} \Rightarrow 6 \mid i^2 - 1 \Rightarrow i = 1, 5$이다. $i = 1$이면 G가 가환이므로

$$rs = sr^5 = sr^{-1}$$

이 유일하게 가능한 경우이다.

Step 4. 한편, $|G/N| = 2$이므로 $(sN)^2 = N \Rightarrow s^2 \in N$이다.

- $s^2 = r$ 또는 $r^5 = r^{-1}$이면 G는 가환이므로 논의 대상이 아니다.
- $s^2 = r^2 \Rightarrow r^4 = r^2s^2 = rrss = r(sr^{-1})s = sr^{-2}s \overset{s^2=r^2}{=} ss^{-2}s = e \Rightarrow \mathrm{ord}(r)|4$가 되어 모순이다.
- $s^2 = r^4 = (r^{-1})^2$이면 $r' = r^{-1}$로 치환하여 앞과 같은 논의로부터 모순이다.
- $s^2 = e$이면 G는 다이히드럴 군 D_6과 동형임을 확인할 수 있다.

• $s^2 = r^3$이면 G는 $\mathbb{Z}_3 \rtimes \mathbb{Z}_4$(반직적)와 동형임을 확인할 수 있다. □

문제 6.2

다이히드럴 군 $D_6 = \{s^i r^j \mid 0 \le i \le 1, 0 \le j \le 5\}$, $r^6 = s^2 = e$, $rs = sr^{-1}$이라 하자. 다음 물음에 답하라.

(1) 위수가 2인 원소를 모두 찾아라.

(2) D_6 안의 위수 6인 부분군들은 위수 3인 유일한 정규 부분군을 포함하고 있음을 증명하라.

(3) 위수 4인 부분군들은 모두 $\mathbb{Z}_2 \oplus \mathbb{Z}_2$과 동형임을 보이라.

풀이 명제 6.1의 증명과정에서 $n_3 = 1$이고 $n_2 = 3$에 유의하라.

(1) $s, r^3, rs, r^2s, r^3s, r^4s, r^5s$이다.

(2) 그리고 위수 6인 부분군들은 코시 정리로부터 각각 위수 3인 부분군을 포함하고 있다. 그런데 $n_3 = 1$이므로 이 부분군은 정규 부분군이고 유일하다.

(3) $r^3s = r^2(rs) = r^2(sr^{-1}) = r(sr^{-2}) = sr^{-3} = sr^3$, $\text{ord}(r^3) = \text{ord}(s) = 2$이므로 $\langle r^3, s\rangle \cong \mathbb{Z}_2 \oplus \mathbb{Z}_2$이다. 그런데 실로우 II 정리로부터 위수 4인 부분군들은 서로 켤레 관계이므로 증명이 끝났다. □

한편, 위수 12인 군의 분류법과 유사한 예를 제시한다.

문제 6.3 **탐구문제**

위수 30인 비가환군 G에 대하여 다음 물음에 답하라.

(1) $n_3 = 1$ 또는 $n_5 = 1$임을 보이라.

(2) 위수 15인 (순환) 부분군 N이 존재함을 확인하여 $n_3 = n_5 = 1$임을 증명하라.

(3) $N = \{r^0, r^1, \cdots, r^{14}\}$이라 하고 $s \in G \setminus N$, $\text{ord}(s) = 2$이라 할 때, $rs \in G = N \cup sN$으로 가능한 경우를 모두 조사하라.

풀이 (1) Step 1. 실로우 정리로부터 $n_3 \in \{1, 10\}, n_5 \in \{1, 6\}$이다. $n_3 = 10$, $n_5 = 6$이라 하자. 그러면 G의 원소는 적어도 $2 \times 10 + 4 \times 6 = 46 > 30 = |G|$이므로 모순이다. 따라서 $n_3 = 1$ 또는 $n_5 = 1$이다. 그러므로 위수 15인 부분군이 존재하고 이것은 순환군 N이다(문제 5.11).

(2) (1)로부터 정규 순환군 N 안의 위수 3, 5인 부분군은 각각 G의 정규 부분군이다 (명제 4.6). 따라서 $n_3 = n_5 = 1$이다.

(3) 코시 정리로부터 $\exists s \subset G, \text{ord}(s) = 2$가 존재함에 유의하라.

- $rs = r^i \Rightarrow s \in N$이므로 모순이다.
- $rs = sr$이면 G는 가환이므로 논의 대상이 아니다.
- $rs = sr^i \Rightarrow s^{-1}rs = r^i \Rightarrow s^{-2}rs^2 = r^{i^2} \Rightarrow 15|i^2 - 1 \Rightarrow i = 4, 11, 14$이다. 즉, $rs = sr^4$, $rs = sr^{11} = sr^{-4}$, $rs = sr^{14} = sr^{-1}$으로 세 가지가 가능하다.

참고) 실제로 각각의 경우 군 G는 $S_3 \times \mathbb{Z}_5$, $D_5 \times \mathbb{Z}_3$, D_{15} 중 하나와 동형이다. □

6.2 방정식 이론을 위한 준비: 가해군과 해공식

이 단원은 본 교재의 두 번째 편의 준비과정으로 생각하고 논의한다.

6.2.1 가해군

앞단원에서 살펴본 것과 같이 군의 분류에서 정규 부분군의 존재성은 군의 구조를 파악하는 데 필수적인 역할을 한다. 이 단원에서는 정규 부분군들의 '사슬'을 소개한다. 군의 정규성은 추이적이지 않으므로 이들을 연결해 주는 조건이 있어야 엄마군에 대한 성질을 제시할 수 있음에 유의하라.

정의 6.4 가해군(solvable group)

군 G에 대하여

$$\{e\} = G_0 \lhd G_1 \lhd \cdots \lhd G_{n-1} \lhd G_n = G \tag{6.1}$$

인 부분군 G_i, $0 \le i \le n$이 존재하여 모든 상군 G_i/G_{i-1}이 **가환군**일 때, G를 **가해군**이라 한다. (6.1)의 군열을 **부분정규열**(subnormal series)이라고 한다.

예제 6.5

대칭군 S_n, $n \le 4$는 가해군이다.

$$\{(1)\} \lhd S_2,\ \{(1)\} \lhd A_3 \lhd S_3,$$
$$\{(1)\} \lhd \langle(13)(24)\rangle \lhd \{(1),(12)(34),(13)(24),(14)(23)\} \lhd A_4 \lhd S_4$$

이기 때문이다. 부분정규열의 각각의 상군이 모두 순환군임에 유의하라.

다음 명제는 갈루아 판별법을 증명하는 데 핵심적 역할을 하게 될 것이다. 1의 거듭제곱근 ($\sqrt[n]{1}$)을 포함하고 사칙연산에 자유로운 집합을 생각할 때 필수적 요소이다.

명제 6.6 유한군의 부분정규열

유한군 G가 가해군이면 각각의 상군 G_i/G_{i-1}을 순환군으로 설정할 수 있다.

증명 가해군 G에 (6.1)과 같은 부분정규열이 있다고 하자. 상군의 위수 $|G_i/G_{i-1}|$이 소수이면 순환군이다. $|G_i/G_{i-1}|$의 소인수를 위수로 하는 정규 부분군 $G_i^*/G_{i-1} \lhd G_i/G_{i-1}$, $G_{i-1} \lhd G_i^* \lhd G_i$가 존재한다(대응정리와 연습문제 5.2.7). 가환군 $G_i/G_i^* (\cong G_i/G_{i-1}/G_i^*/G_{i-1})$에 대하여 이와 같은 작업을 반복해가면 각각의 연이은 상군의 위수가 소수가 되도록 할 수 있다. □

명제 6.7 가해군의 특징

다음이 성립한다.

(1) 가해군 G의 부분군 H는 가해군이다.

(2) 군 G가 가해군일 필요충분조건은 정규 부분군 N과 상군 G/N이 모두 가해군일 때이다.

(3) 준동형사상 $f : G \to G'$의 상 $\mathrm{im}(f)$는 가해군이다.

증명 (1) 군 G에 (6.1)과 같은 부분정규열이 존재한다고 하자. $K_i = G_i \cap H$라 하자. 그러면 $\{e\} = K_0 \lhd K_1 \lhd \cdots \lhd K_{n-1} \lhd K_n = H$는 H의 부분정규열이다. 실제로, 임의의 $k \in K_i$에 대하여 $kK_{i-1}k^{-1} = k(G_{i-1} \cap H)k^{-1} = (kG_{i-1}k^{-1}) \cap (kHk^{-1}) \overset{G_{i-1} \lhd G_i, k \in G_i \cap H}{=} G_{i-1} \cap H = K_{i-1}$이므로 $K_{i-1} \lhd K_i$이다. 그리고 제 II 동형정리와 $K_i \le G_i$, $G_{i-1} \lhd G_i$로부터 $K_i/K_{i-1} = K_i/(K_i \cap G_{i-1}) \cong K_iG_{i-1}/G_{i-1} \le G_i/G_{i-1}$이므로 K_i/K_{i-1}은 가환이다.

(2) (⇒) 군 G가 (6.1)와 같은 부분정규열이 존재한다고 하자. 표준사영 사상 $\pi : G \to G/N$이라고 할 때,

$$\{N\} = \pi(G_0) \lhd \pi(G_1) \lhd \cdots \lhd \pi(G_{n-1}) \lhd \pi(G_n) = G/N$$

은 부분정규열이다. 실제로, 임의의 $g \in \pi(G_i) \Rightarrow g\pi(G_{i-1})g^{-1} \overset{\pi(\bar{g})=g,\, \exists \bar{g} \in G_i}{=} \pi(\bar{g}G_{i-1}\bar{g}^{-1}) \overset{G_{i-1} \lhd G_i}{=} \pi(G_{i-1})$이므로 $\pi(G_{i-1}) \lhd \pi(G_i)$이다. 그리고 제약 사상 π_{G_i}와 표준사영 사상의 합성사상 $q : G_i \to \pi(G_i) \to \pi(G_i)/\pi(G_{i-1})$은 위로의 사상이고 $G_{i-1} \subset \ker(q)$이다. 따라서 유도된 사상 $\bar{q} : G_i/G_{i-1} \to \pi(G_i)/\pi(G_{i-1})$이 존재하고 위로의 사상이다(연습문제 1.2.10과 비교). 결국 제 I 동형정리로부터 상군 $\pi(G_i)/\pi(G_{i-1})$은 가환이다.

(⇐) G/N이 가해군이므로 상군 H_i/H_{i-1}이 가환인 정규 부분군들의 열

$$\{N\} = H_0 \lhd H_1 \lhd \cdots \lhd H_{m-1} \lhd H_m = G/N$$

이 존재한다. $0 \le i \le m$에 대해 $G_i = \pi^{-1}(H_i)$로 정의하자. 그러면 대응 및 동형정리로부터 $G_{i-1} \lhd G_i$이고 $\frac{G_i}{G_{i-1}} \cong \frac{H_i}{H_{i-1}}$이므로 모든 상군 G_i/G_{i-1}이 가환인 부분정규열 $\{e\} \lhd N \lhd G_1 \lhd \cdots \lhd G_{m-1} \lhd G_m = G$를 찾았다. 그런데 정규 부분군 N은 가해군이므로 N의 부분정규열도 존재하므로 G는 가해군이다.

(3) 제 I 동형정리로부터 $\mathrm{im}(f) \cong G/\ker(f)$이므로 (2)로부터 성립한다. □

예제 6.8

위수가 $|G| = p^n$인 군 G는 가해군이다(단, p는 소수). n에 대한 강한 귀납법을 적용한다. 도움정리 5.38로부터 $Z(G) \ne \{e\}$이고 $Z(G) \lhd G$이므로 $|G/Z(G)| < p^n$이다. 귀납법 가정으로부터 상군 $G/Z(G)$는 가해군이고 $Z(G)$는 가환군이므로 가해군이다. 따라서 명제 6.7의 (2)로부터 G는 가해군이다.

명제 6.9 **비가해군의 예**

임의의 자연수 $n \ge 5$에 대하여 대칭군 S_n은 가해군이 아니다.

증명 S_n이 가해군이라면 그것의 정규 부분군 A_n은 명제 6.7의 (2)로부터 가해군이다. A_n의 부분정규열의 첫 번째 항을 $N \lhd A_n$, $N \ne \{(1)\}$, A_n이라 하자. 상군 A_n/N은 가환군이므로 임의의 $\sigma, \tau \in A_n$에 대하여 $(\sigma N)(\tau N) = (\tau N)(\sigma N) \Rightarrow \sigma\tau N = \tau\sigma N \Rightarrow (\tau\sigma)^{-1}(\sigma\tau) = \sigma^{-1}\tau^{-1}\sigma\tau \in N$이다. 그런데 임의의 3-순환치환(즉, 길이가 3인 순환치환)은 짝치환이므로 A_n의 원소이다. 그러므로 연습문제 3.1.10으로부터 임의의 3-순환치환은 N의 원소이기도 하다. 그리고 A_n 안의 임의의 원소는 3-순환치환의 곱으로 표시할 수 있다(연습문제 3.1.11). 따라서 $A_n = N$이 되어 모순이다. □

갈루아 이론을 배운 후 일반적인 5차 방정식의 대수적 해공식(방정식의 계수의 사칙연산과 그것의 m-거듭제곱근으로 해를 표시할 수 있음)이 없다는 것은 결국 명제 6.9로부터 증명이 완결된다(아벨-루피니 정리). 하지만, 특수한 5차 방정식의 해공식은 존재한다. 갈루아 이론에 따르면 방정식의 이러한 특징 때문에 유도되는 고유한 가해군(근의 치환으로 구성된 대칭군의 부분군)이 존재한다. 다음 문제를 통해 해당 가해군을 탐구해본다.

문제 6.10 **탐구문제**

대칭군 S_5 안의 위수 20인 부분군 $F_{20} = \langle r, s \rangle$, $r = (12345)$, $s = (2354)$, $sr = r^2 s$에 대하여 다음 물음에 답하라.

(1) 위수가 2, 4, 5인 F_{20}의 모든 부분군을 찾아라.

(2) 위수 10인 부분군은 유일하고 다이히드럴 군 D_5와 동형임을 보이라.

(3) F_{20}은 가해군임을 확인하라.

풀이 (1) 관계식 $sr = r^2s$로부터 $F_{20} = \langle r\rangle\langle s\rangle$로 쓸 수 있음에 유의하자. 실로우 III 정리로부터 $n_5 = 1$이므로 $\mathcal{X}_5 = \{\langle r\rangle\}$이다. 한편, $n_2 \in \{1, 5\}$이다. 그런데 $\text{ord}(s) = \text{ord}(sr^2) = 4$이다. 그리고 $sr^2 \notin \langle s\rangle$이다. 왜냐하면 $sr^2 = s^k \Rightarrow r^2 = s^{k-1} \Rightarrow 5 = \text{ord}(r^2) = \text{ord}(s^{k-1})|4$로 모순이기 때문이다. 따라서 $n_2 = 5$이다. 실로우 II 정리로부터 $\mathcal{X}_4$의 원소들은 서로 켤레 관계에 있고 동형이다. 그러므로 위수가 4인 원소들을 모두 찾으면 충분하다. 따라서 $\mathcal{X}_4 = \{\langle s\rangle, \langle r^2s\rangle, \langle r^4s\rangle, \langle rs\rangle, \langle r^3s\rangle\}$이다. 끝으로 위수가 2인 원소는 $\mathcal{X}_2 = \{\langle s^2\rangle, \langle rs^2\rangle, \langle r^2s^2\rangle, \langle r^3s^2\rangle, \langle r^4s^2\rangle\}$이다.

(2) $\langle r\rangle \lhd F_{20}$이므로 $\langle g\rangle \in \mathcal{X}_2$에 대하여 $\langle g\rangle\langle r\rangle$는 위수 10인 F_{20}의 부분군이다. 그런데 각각의 원소 g, $\text{ord}(g) = 2$에 대하여 $rg = gr^{-1}$이므로 위수 10인 부분군은 D_5와 동형이다. 그리고 계산을 통해 이들 집합은 서로 같다는 것을 알 수 있다. 따라서 $\mathcal{X}_{10} = \{\langle r, s^2\rangle\}$이다.

(3) (2)에의해 $F_{20} \rhd \langle r, s^2\rangle \rhd \langle r\rangle \rhd \{(1)\}$이다. □

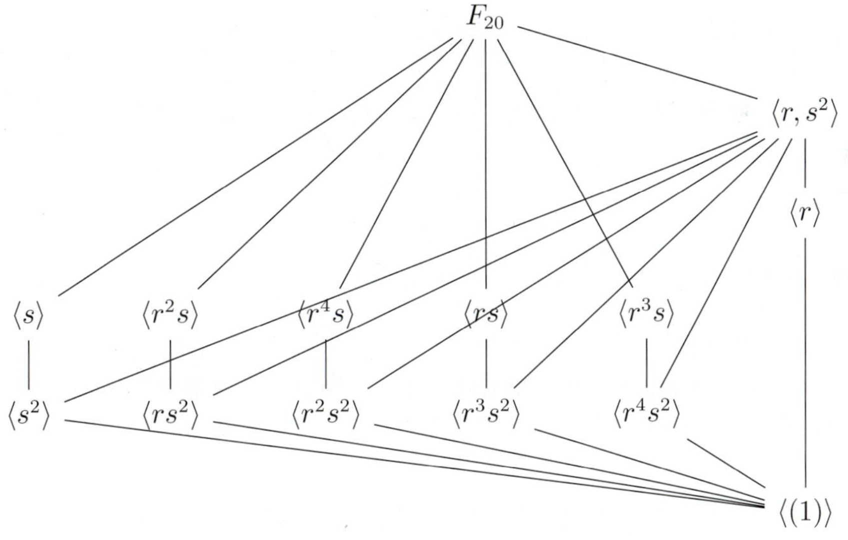

문제 6.11

군 F_{20}과 $\mathrm{Aff}(\mathbb{Z}_5)$사이에 대응

$$(12345) \mapsto x+1,\ (2354) \mapsto ax+b$$

가 동형사상이 되도록 a, b의 값을 결정하라.

방정식의 연구의 역사를 살펴보면 지금까지 살펴본 가해군의 개념은 거꾸로 정의된 것이다. 본래는 방정식의 해공식의 존재성 판별법을 만든 것이 갈루아의 업적이다. 판별법은 다름 아니라 근이 모두 포함된 대상을 구성했을 때 그것이 가져야 할 성질을 군의 용어(가해군)를 만들어 쓴 것이다. 한편, 다음 단원에서 4차 이하의 방정식인 경우 대칭군 S_n, $n \le 4$의 특징(예제 6.5) 때문에 해공식이 항상 존재한다는 것을 배우게 될 것이다. 그리고 구체적으로 해공식을 만드는 데 필요한 보조 방정식을 찾아본다. 이는 이차 방정식의 해공식을 찾을 때 생각했던 판별식을 일반화한 것이다.

6.2.2 동차 다항식과 군의 작용

이 단원에서는 다항방정식의 해와 관련된 군의 작용을 소개한다. 부정원이 t_1, t_2, $\cdots$, t_n인 다변수 다항식의 집합 $T = \mathbb{R}[t_1, t_2, \cdots, t_n]$에서 차수가 d인 동차 다항식(homogeneous polynomial)의 집합

$$\mathrm{Sym}_d(T) = \{f(t_1, t_2, \cdots, t_n) \mid f(t_1, t_2, \cdots, t_n) \in T_d\}$$

는 차원이 $\dim_{\mathbb{R}} \mathrm{Sym}_d(T) = \binom{d+n-1}{n}$인 벡터공간으로 생각할 수 있다.

예제 6.12

$t_1 + 2t_2 \in \mathrm{Sym}_1(T)$, $t_1t_2, t_1^2 \in \mathrm{Sym}_2(T)$, $t_1^3 + t_2^3 + t_3^3 - t_1t_2t_3 \in \mathrm{Sym}_3(T)$, $t_1^4 + t_1^2t_2^2 + t_2^4 \in \mathrm{Sym}_4(T)$이다. 선형대수학에서 배웠던 이차형식은 $\mathrm{Sym}_2(T)$ 안의 원소들이다.

동차 다항식의 벡터공간 $\mathrm{Sym}_d(T)$에 대칭군 S_n의 작용을

$$\begin{gathered} S_n \times \mathrm{Sym}_d(T) \to \mathrm{Sym}_d(T), \\ (\sigma, f(t_1, t_2, \cdots, t_n)) \mapsto \sigma \cdot f(t_1, t_2, \cdots, t_n) = f(t_{\sigma(1)}, \cdots, t_{\sigma(n)}) \end{gathered} \tag{6.2}$$

이라 하면, 다항식의 부정원의 순번을 바꾸는 역할을 한다. 그리고 작용 (6.2)은 다항방정식의 해공식과 관련하여 매우 중요한 역할을 한다. 예를 들어, 이차 방정식 $x^2 - ax + b = 0$의 근을 t_1, t_2이라 하자. 근과 계수와의 관계로부터 $a = t_1 + t_2$이고 $b = t_1 t_2$이다. 한편, 일차 동차 다항식 $t_1 + t_2 \in \mathrm{Sym}_1(T)$, $t_1 t_2 \in \mathrm{Sym}_2(T)$에 대하여 안정자 부분군은 모두 $(S_2)_{t_1+t_2} = (S_2)_{t_1 t_2} = S_2$이다. 뿐만 아니라, 임의의 $f(t_1, t_2) \in \mathrm{Sym}_2(T)$, $f(t_1, t_2) = f(t_{\sigma(1)}, t_{\sigma(2)})$, $\forall \sigma \in S_2$는 $t_1 + t_2$, $t_1 t_2$에 대한 식으로 변형할 수 있다. 이로부터 얻을 수 있는 불변 다항식 중 이차 방정식의 해공식을 찾는데 필요한 다항식은 $(t_1 - t_2)^2 \in \mathrm{Sym}_2(T)$이다(판별식). 이 단원에서는 3, 4차 방정식의 해공식을 찾는데 필요한 불변 다항식들을 대칭군 S_3과 S_4의 가해성을 이용하여 찾아본다. 그리고 불변 다항식으로부터 해공식을 유도하는 과정도 설명한다.

먼저 대칭군 S_3의 정규 부분군 $H = \{(1), (123), (132)\}$에 대한 3차의 불변 다항식을 찾아보자. 먼저 작용 (6.2)을 부분군 H로 제약했을 때, $t_1^2 t_2$의 궤도 집합은 $H \cdot (t_1^2 t_2) = \{t_1^2 t_2, t_2^2 t_3, t_3^2 t_1\}$이다. 한편, 작용 (6.2)에 대하여 다항식 $\theta_3 = t_1^2 t_2 + t_2^2 t_3 + t_3^2 t_1 \in \mathrm{Sym}_3(T)$의 안정자 부분군 $(S_3)_{\theta_3} = H$이므로 궤도-안정자 정리로부터 $|S_3 \cdot \theta_3| = 2$이다. 상군 $S_3/H = \{H, (12)H\}$이므로 $S_3 \cdot \theta_3 = \{\theta_3, (12) \cdot \theta_3\} = \{t_1^2 t_2 + t_2^2 t_3 + t_3^2 t_1, t_2^2 t_1 + t_1^2 t_3 + t_3^2 t_2\}$이다(궤도-안정자 정리의 증명과정). $\overline{\theta}_3 = t_2^2 t_1 + t_1^2 t_3 + t_3^2 t_2$이라 하면 $\theta_3 + \overline{\theta}_3$과 $\theta_3 \cdot \overline{\theta}_3$는 작용 (6.2)에 불변인 다항식들이다. 이제 3차 방정식 $x^3 + px + q = 0$, (p, q는 상수)의 근을 t_1, t_2, t_3이라 하면 근과 계수와의 관계로부터 θ_3, $\overline{\theta}_3$는 y에 대한 이차 방정식 $y^2 - 3qy + p^3 + 9q^2 = 0$의 근이다. 즉, 두 근 모두 계수 p, q에 대한 식으로 쓸 수 있다. 나아가 $(t_1 + \omega t_2 + \omega^2 t_3)^3 = 3\omega\theta_3 + 3\omega^2\overline{\theta}_3 - 9q$이고 $(t_1 + \omega t_2 + \omega^2 t_3) \cdot (t_1 + \omega^2 t_2 + \omega t_3) = -3p$이므로 3차 방정식의 해를 구하는 것은 일차 연립방정식

$$\begin{cases} t_1 + t_2 + t_3 = 0, \\ t_1 + \omega t_2 + \omega^2 t_3 = \sqrt[3]{3\omega\theta_3 + 3\omega^2\overline{\theta}_3 - 9q}, \\ t_1 + \omega^2 t_2 + \omega t_3 = -3p/\sqrt[3]{3\omega\theta_3 + 3\omega^2\overline{\theta}_3 - 9q} \end{cases} \tag{6.3}$$

을 푸는 것으로 귀결된다(단, $\omega = e^{\frac{2\pi}{3}i}$). 3차 방정식의 해공식을 구성하는 데 동차 다항식 θ_3가 결정적인 역할을 한다. 그리고 이 동차 다항식을 구성하는 데 정규 부분군 $H \lhd S_3$를 출발점으로 했다는 것에 유의하자. 한편, 연립방정식 (6.3)의 두 번째와 세 번째 식의 좌변은 세 근 t_1, t_2, t_3의 이산 푸리에 변환이라 하고 라그랑주가 찾은 3차 방정식의 해법과 밀접한 관련이 있다. 이것의 가장 현대적인(2024년 현재) 형태는 다음과 같다. $g(x) = x^3 - 3px + q = 0$ (p, $q \neq 0$는 상수)인 3차 방정식에 대하여 $z^2 - \frac{p}{q}z + p = 0$의 두 근을 z_1, z_2라 하자. $z_1 = z_2 = \frac{q}{2p}$(중근)이면 $g(x) = x^3 - 3z_1^2 x + 2z_1^3 = (x - z_1)^2(x + 2z_1) = 0$으로 3차

방정식의 해를 찾을 수 있다. $z_1 \neq z_2$이면

$$g(x) = x^3 - 3z_1z_2x + z_1z_2(z_1 + z_2) = \frac{1}{z_2 - z_1}(z_2(x - z_1)^3 - z_1(x - z_2)^3) = 0$$

이다. 따라서 $u_i = \sqrt[3]{\frac{z_1}{z_2}}\omega^i$, $i = 0, 1, 2$이라 하면 방정식 $g(x) = 0$의 세 근은

$$\frac{z_1 - z_2u_0}{1 - u_0}, \ \frac{z_1 - z_2u_1}{1 - u_1}, \ \frac{z_1 - z_2u_2}{1 - u_2}$$

이다. 이 풀이법의 아이디어는 부정원이 2개이고 차수가 3인 일반적인 동차 다항식을 $A^3 + B^3(A,\, B \in \mathrm{Sym}_1(T))$과 같은 꼴로 항상 변형할 수 있다는 명제로부터 착안 되었다 (실베스터).

문제 6.13

3차 방정식 $x^3 - 6x - 6 = 0$의 근을 찾아라.

문제 6.14 **탐구문제**

대칭군 S_4의 정규 부분군 $H = \{(1), (12)(34), (13)(24), (14)(23)\}$을 이용하여 2차의 불변 다항식들을 찾는 과정이다. 물음에 답하라.

(1) 궤도 집합 $H \cdot (t_1t_2)$를 구하라.

(2) 다항식 $\theta_2 = \frac{1}{2}\sum_{\sigma \in H} t_{\sigma(1)}t_{\sigma(2)} \in \mathrm{Sym}_2(T)$의 대칭군 S_4에서의 안정자 부분군은

$$(S_4)_{\theta_2} = \langle (1324), (12) \rangle (\cong D_4)$$

임을 보이라.

(3) 궤도-안정자 정리을 이용하여 궤도 집합 $S_4 \cdot \theta_2$를 구하라.

풀이 (1) $H \cdot (t_1t_2) = \{t_1t_2, t_3t_4\}$이다. (2) 명백히 $(S_4)_{\theta_2} \neq S_4$이다. 그리고 $(1324) \cdot \theta_2 = \theta_2$이고 $(12) \cdot \theta_2 = \theta_2$이므로 $D_4 < (S_4)_{\theta_2}$이다. 그런데 $[S_4 : D_4] = 3$이므로 $(S_4)_{\theta_2} = D_4$이다. (3) 상집합을 $S_4/(S_4)_{\theta_2} = \{(S_4)_{\theta_2}, (13)(S_4)_{\theta_2}, (14)(S_4)_{\theta_2}\}$과 같이 쓸 수 있으므로 $S_4 \cdot \theta_2 = \{t_1t_2 + t_3t_4, t_3t_2 + t_1t_4, t_4t_2 + t_3t_1\}$이다. □

부언 6.15

문제 6.14에서 $\theta_3 = t_3t_2 + t_1t_4$, $\theta_4 = t_4t_2 + t_3t_1$라 하고, 4차 방정식 $f(x) = x^4+px^2+qx+r = 0$의 근을 t_1, t_2, t_3, t_4이라 하자. 근과 계수와의 관계로부터 θ_2, θ_3, θ_4는 3차 방정식 $y^3 - py^2 - 4ry - q^3 = 0$의 근이다. 즉, 세 근 모두 계수 p, q, r에 대한 식으로 쓸 수 있다. 그리고 $t_1t_2t_3t_4 = r$이므로 이차 방정식 $z^2 - \theta_i z + r = 0$, $i = 2, 3, 4$의 근은 각각 $\{t_1t_2, t_3t_4\}$, $\{t_3t_2, t_1t_4\}$, $\{t_4t_2, t_3t_1\}$으로 모두 4차 방정식 $f(x) = 0$의 계수에 대한 식으로 쓸 수 있다. 결국 4차 방정식의 해공식은 6개로 이루어진 연립방정식 $t_it_j = g_{ij}(p, q, r)$, $1 \le i < j \le 4$으로 푸는 것으로 귀결된다.

일반적인 5차 방정식의 해공식이 존재하지 않는다(아벨-루피니 정리). 하지만, 특수한 경우에는 해공식이 존재할 수 있다. 이와 관련하여 4차 이하의 방정식처럼 해공식을 유도하기 위해 필요한 보조 방정식을 찾아본다.

문제 6.16 **탐구문제**

대칭군 S_5의 부분군 F_{20}(문제 6.10)에 대한 4차의 불변 다항식을 찾아보자.

(1) 궤도 집합 $F_{20} \cdot (t_1^2t_2t_5)$의 원소의 개수를 구하라.

(2) 다항식 $\theta_4 = \frac{1}{2} \sum_{\sigma \in F_{20}} t_{\sigma(1)}^2 t_{\sigma(2)} t_{\sigma(5)} \in \mathrm{Sym}_4(T)$의 대칭군 S_5에서의 안정자 부분군은 $(S_5)_{\theta_4} = F_{20}$임을 보이라. 따라서 $|S_5 \cdot \theta_4| = 6$이다.

풀이 (1) 10 (2) 명백히 $(S_5)_{\theta_4} \neq S_5$이고 $F_{20} < (S_5)_{\theta_4}$이다. 그리고 $[S_5 : F_{20}] = \frac{5!}{20} = 6$이다. 그런데 대칭군 S_5의 부분군 중 위수가 40인 것은 존재하지 않고(연습문제 4.2.14와 비교) 위수가 60인 부분군은 교대군 A_5로 유일하다. 그런데 $F_{20} \not\subset A_5$이므로 $(S_5)_{\theta_4} = F_{20}$이다. □

제 7 장
연습문제 풀이

연습문제 및 탐구문제에 대한 예시 답안을 제시한다. 중등교사임용시험 기출문제는 출제 연도를 문제번호 옆에 표기한다([3]).

1.1절 연습문제 풀이

1.1.1. $X-(X-B)=B$이고 $\mathcal{T}_X$는 위상 공간이므로 $A \circledcirc B$는 열린집합이므로 $\mathcal{T}_X$는 이항연산 $\circledcirc$에 대해 닫혀있다.

1.1.2. 준식$=\frac{1}{(1+\sqrt{2})(1+\sqrt{3})}=\frac{(1-\sqrt{2})(1-\sqrt{3})}{(1+\sqrt{2})(1+\sqrt{3})(1-\sqrt{2})(1-\sqrt{3})}=\frac{\sqrt{6}-\sqrt{3}-\sqrt{2}+1}{2}$이다.

1.1.3. 풀이) (1) $B=3E-A^2$이므로 $AB=A(E-A^2)=A-A^3=(E-A^2)A=BA$이다. (2) $(A^2+B)^2=A^4+A^2B+BA^2+B^2=7E+A^2B+BA^2=9E$이므로 $A^2B+BA^2=2E$이다. $AB=BA$이므로 $A(AB)+BA^2=A(BA)+BA^2=(AB)A+BA^2=2BA^2=2E$이다. 따라서 $BA^2=E$이다. 즉, $B^{-1}=A^2$이다. (3) $(A^2+B)(A^4+B^2)=A^6+A^2B^2+BA^4+B^3=21E$이다. (2)로부터 $A^2B^2+BA^4=B+A^2=3E$이므로 $A^6+B^3=18E$이다.

1.1.4. $(2+\omega)(2+\omega^2)(2+\omega^3)(2+\omega^4)(2+\omega^5)(2+\omega^6)=(2+\omega)(2+\omega^{-1})(2+\omega^2)(2+\omega^{-2})(2+\omega^3)(2+\omega^{-3})=(5+2(\omega+\omega^{-1}))(5+2(\omega^2+\omega^{-2})(5+2(\omega^3+\omega^{-3}))=(21+10(\omega+\omega^{-1})+6(\omega^2+\omega^{-2}))(5+2(\omega^3+\omega^{-3}))=43$

다른 풀이) 방정식 $x^7-1=0$의 근은 $\omega^0,\omega^1,\omega^2,\ldots,\omega^6$이므로 인수정리로부터 $x^7-1=(x-\omega^0)(x-\omega)\ldots(x-\omega^6)$이다. 양변에 $x=-2$를 대입하면 $(-2)^7-1=(-2-\omega^0)(-2-\omega)\ldots(-2-\omega^6)$이다. 따라서 준식$=\frac{(-2)^7-1}{-2-\omega^0}=43$이다.

1.1.5. 명제 1.8의 (2)로부터 $A^2-2A-2E=O$이다. 준식은 $A^2(A+E)-6A-3E=2(A+E)(A+E)-6A-3E=2A^2-2A-E=4(A+E)-2A-E=2A+3E$이다.

1.1.6. 드무아브르 정리를 이용하면 $(\sin\theta+i\cos\theta)^n=i^n(\cos n\theta-i\sin n\theta)=\sin n\theta+i\cos n\theta$ 이므로 삼각방정식을 풀면 $n=4k+1,\ k\in\mathbb{Z}$이다. 따라서 $n=1,\ 5,\ 9,\ 13,\ 17$이다. 다른 풀이) $(\sin\theta+i\cos\theta)^n=(\cos(\frac{\pi}{2}-\theta)+i\sin(\frac{\pi}{2}-\theta))^n=e^{i(\frac{\pi}{2}-\theta)n}$이고 $\sin n\theta+i\cos n\theta=i\sin(\frac{\pi}{2}-n\theta)+i\sin(\frac{\pi}{2}-n\theta)=e^{i(\frac{\pi}{2}-n\theta)}$이다. $\frac{n\pi}{2}-n\theta=2k\pi+\frac{\pi}{2}-n\theta$이므로 $n=1,\ 5,\ 9,\ 13,\ 17$이다.

1.1.7. 일차변환 f의 행렬 표현은 $\begin{pmatrix} 1 & 3 \\ 2 & 4 \end{pmatrix}$ 이다. (2) $\begin{pmatrix} 1 & 3 \\ 2 & 4 \end{pmatrix}\begin{pmatrix} 1 \\ 0 \end{pmatrix} = \begin{pmatrix} 1 \\ 2 \end{pmatrix}$ 이고 $\begin{pmatrix} 1 & 3 \\ 2 & 4 \end{pmatrix}\begin{pmatrix} 0 \\ 1 \end{pmatrix} = \begin{pmatrix} 3 \\ 4 \end{pmatrix}$ 이다.

1.1.8. 회전변환에 대한 행렬표현으로부터(문제 1.10) $\begin{pmatrix} \cos 60^\circ & -\sin 60^\circ \\ \sin 60^\circ & \cos 60^\circ \end{pmatrix}\begin{pmatrix} 4 \\ 2 \end{pmatrix} = \frac{1}{2}\begin{pmatrix} 1 & -\sqrt{3} \\ \sqrt{3} & 1 \end{pmatrix}\begin{pmatrix} 4 \\ 2 \end{pmatrix} = \begin{pmatrix} 2-\sqrt{3} \\ 2\sqrt{3}+1 \end{pmatrix}$이므로 점의 좌표는 $(2-\sqrt{3}, 2\sqrt{3}+1)$이다.

1.1.9. $\cos 3\theta = \cos 2\theta \cos\theta - \sin 2\theta \sin\theta = (2\cos^2\theta - 1)\cos\theta - 2\sin^2\theta\cos\theta = (2\cos^2\theta - 1)\cos\theta - 2(1-\cos^2)\cos\theta = 4\cos^3\theta - 3\cos\theta$이다. 따라서 $a=4$, $b=3$이므로 $a+b=7$이다. 다른 풀이) $\cos 3\theta + i\sin 3\theta = e^{3i\theta} = (e^{i\theta})^3 = (\cos\theta + i\sin\theta)^3 = (\cos^3\theta - 3\cos\theta\sin^2\theta) + i(3\cos^2\theta\sin\theta - \sin^3\theta)$이다. 양변의 실수부를 비교하면 $\cos 3\theta = \cos^3\theta - 3\cos\theta\sin^2\theta = \cos^3\theta - 3\cos\theta(1-\cos^2\theta) = 4\cos^3\theta - 3\cos\theta$이다. 따라서 $a=4$, $b=3$이므로 $a+b=7$이다.

1.1.10. 명제 1.8의 (2)로부터 $A^2 - 3A + 2E = O$이므로 $m=2$. 따라서 $A^3 - 3A^2 + 3A = A(A^2 - 3A + 2E) + A = A$이므로 $n=1$이다.

1.1.11. $A = \begin{pmatrix} 1 & 0 & 0 \\ 0 & 1 & 0 \\ 0 & 0 & -1 \end{pmatrix}$, $B = \begin{pmatrix} 0 & -1 & 0 \\ 1 & 0 & 0 \\ 0 & 0 & 1 \end{pmatrix}$, $A^2 = E$이므로 $\det(A^3 - B) = \det(A - B) = -4$이다.

1.1.12. $z^3 = 27e^{\pi i}$이므로 $z = 3e^{\frac{(-\frac{1}{2}+2k)\pi i}{3}} = 3e^{\frac{(-1+4k)\pi i}{6}}$, $(k=0,1,2)$이다. 따라서 세 근은 $z_1 = 3e^{-\frac{\pi i}{6}} = \frac{3(\sqrt{3}-i)}{2}$, $z_2 = 3e^{\frac{\pi i}{2}} = 3i$, $z_3 = 3e^{\frac{7\pi i}{6}} = \frac{3(-\sqrt{3}-i)}{2}$이다.

1.1.13. (1) $f_1 : \begin{pmatrix} 1 & 0 \\ 0 & -1 \end{pmatrix}$, $f_2 : \begin{pmatrix} -1 & 0 \\ 0 & 1 \end{pmatrix}$, $f_3 : \begin{pmatrix} 0 & -1 \\ -1 & 0 \end{pmatrix}$, $f_4 : \begin{pmatrix} 0 & -1 \\ 1 & 0 \end{pmatrix}$이다. (2) 합성변환 $f_3 \circ f_2$에 대응하는 행렬은 $\begin{pmatrix} 0 & 1 \\ -1 & 0 \end{pmatrix}$이므로 문제 1.10 로부터 원점을

중심으로 반시계방향으로 $-\frac{\pi}{2}$만큼 회전시키는 변환이다. (3) 합성변환 $f_1 \circ f_4$에 대응하는 행렬은 $\begin{pmatrix} 0 & -1 \\ -1 & 0 \end{pmatrix}$이다. 따라서 $f_1 \circ f_4 = f_3$이므로 $k = 3$이다.

1.1.14. (1) $A^2 = A(AB - BA) = A^2B - ABA$, $A^2 = (AB - BA)A = ABA - BA^2$이므로 $2A^2 = A^2 + A^2 = (A^2B - ABA) + (ABA - BA^2) = A^2B - BA^2$이다. (2) $\mathrm{tr}(A) = \mathrm{tr}(AB - BA) = \mathrm{tr}(AB) - \mathrm{tr}(BA) = \mathrm{tr}(AB) - \mathrm{tr}(AB) = 0$. (3) 케일리-해밀튼 정리로부터 $A^2 - \mathrm{tr}(A)A + \det(A)E = A^2 + \det(A)E = O \Rightarrow A^2 = -\det(A)E$이므로 $2A^2 = A^2B - BA^2 = (-\det(A)E)B - B(-\det(A)E) = -\det(A)B + \det(A)B = O$이다.

1.1.15. A의 특성다항식은 $(\lambda+1)(\lambda-3) = \lambda^2 - 2\lambda - 3$이므로 케일리-해밀튼 정리로부터 $A^2 - 2A - 3E = O$이다. $A^2 = 2A + 3E$이므로 $a = 2$, $b = 3$이다.

1.1.16. $z = \frac{\sqrt{3}+i}{2} = \cos\frac{\pi}{6} + i\sin\frac{\pi}{6}$이므로 $z^n + \frac{1}{z^n} = (\cos\frac{n\pi}{6} + i\sin\frac{n\pi}{6}) + (\cos\frac{-n\pi}{6} + i\sin\frac{-n\pi}{6}) = 2\cos\frac{n\pi}{6} = \sqrt{3}$이다. 따라서 $\cos\frac{n\pi}{6} = \frac{\sqrt{3}}{2}$을 만족하는 15이하의 자연수는 1,11,13이다.

1.2절 연습문제 풀이

1.2.1. $a \sim b \iff a - b = 7k\ (k \in \mathbb{Z})$이므로 $\mathbb{Z}/\!\sim = \{[0], [1], [2], [3], [4], [5], [6]\}$이다.

1.2.2. (1) $R = \{(1,1), (1,3), (2,2), (2,4), (3,1), (3,3), (4,2), (4,4), (5,5)\}$ (2) $X/\!\sim = \{[1], [3], [5]\}$

1.2.3. (1) $f(a) = f(a) \Rightarrow a \sim a$이고, $f(a) = f(b)$이면 $f(b) = f(a)$이므로 $a \sim b \Rightarrow b \sim a$이다. $f(a) = f(b), f(b) = f(c)$이면 $f(a) = f(c)$이므로 $a \sim b, b \sim c \Rightarrow a \sim b$이다. (2) f가 상수함수이면 모든 $a, b \in X$에 대해 $f(a) = f(b)$이다. 따라서 $X/\!\sim = \{[a]\}$이므로 $n(X/\!\sim) = 1$이다. (3) 함수 f가 일대일이면 $f(a) = f(b) \Rightarrow a = b$이므로 $a \sim b \iff a = b$이다. 따라서 표준사영 함수 $\pi : X \to X/\!\sim$은 일대일대응이다. 즉, $n(X) = n(X/\!\sim)$이다.

1.2.4. $m, n \in \mathbb{N}$에 대하여 $m+n = m+n \Rightarrow (m,n) \sim (m,n)$이다. $(m,n) \sim (s,t) \Rightarrow m+t = n+s \Rightarrow s+n = t+m \Rightarrow (s,t) \sim (m,n)$이다. $(m,n) \sim (p,q)$, $(p,q) \sim (s,t) \Rightarrow m+q = n+p,\ p+t = q+s \Rightarrow (m+q)+(p+t) = (n+p)+(q+s) \Rightarrow m+t = n+s \Rightarrow (m,n) \sim (s,t)$이므로 동치관계이다.

참고) 이 동치관계에 의한 상집합 $X/\sim$은 정수 집합 $\mathbb{Z}$의 외연적 정의이다.

1.2.5. (1) $a, b \in \mathbb{Z} \setminus \{0\}$에 대하여 $ab = ba \Rightarrow (a,b) \sim (a,b)$이고, $(a,b) \sim (c,d) \Rightarrow ad = bc \Rightarrow cb = da \Rightarrow (c,d) \sim (a,b)$이다. $(a,b) \sim (p,q), (p,q) \sim (c,d) \Rightarrow aq = bp, pd = qc \Rightarrow daq = dbp, bpd = bqc \overset{q \neq 0}{\Rightarrow} ad = bc \Rightarrow (a,b) = (c,d)$이므로 동치관계이다. (2) 유리수의 덧셈을 흉내내어 $[(m,n)] + [(s,t)] = [(mt+sn, nt)]$와 같이 정의해 볼 수 있다.

참고) 이 동치관계에 의한 상집합 $X/\sim$은 유리수 집합 $\mathbb{Q}$의 외연적 정의이다.

1.2.6. $\mathrm{sgn}(\pm 1) = \pm 1$, $\mathrm{sgn}(0) = 0$이므로 함수 sgn는 위로의 함수이다. 따라서 명제 1.19로부터 $\overline{\mathrm{sgn}} : \mathbb{R}/\sim \to \{1, 0, -1\}$은 일대일대응이다. 따라서 상집합의 원소의 개수는 $|\mathbb{R}/\sim| = 3$이다. 실제로 상집합은 $\mathbb{R}/\sim = \{[1], [0], [-1]\}$이다.

1.2.7. (1) $2x_1 - y_1 = 2x_2 - y_2 \Rightarrow (x_1, y_1) \sim (x_2, y_2)$이다. $(x_1, y_1) \sim (x_2, y_2) \Rightarrow 2x_1 - y_1 = 2x_2 - y_2 \Rightarrow 2x_2 - y_2 = 2x_1 - y_1 \Rightarrow (x_2, y_2) \sim (x_1, y_1)$이다. $(x_1, y_1) \sim (x_3, y_3)$, $(x_3, y_3) \sim (x_2, y_2) \Rightarrow 2x_1 - y_1 = 2x_3 - y_3$, $2x_3 - y_3 = 2x_2 - y_2 \Rightarrow 2x_1 - y_1 = 2x_2 - y_2 \Rightarrow (x_1, y_1) = (x_2, y_2)$이므로 $\sim$은 동치관계이다. (2) 임의의 실수 y에 대하여 $f(0, -y) = y$이므로 f는 위로의 함수이다. (3) 임의의 a, b, x, $y \in \mathbb{R}$에 대하여 $(a,b) \in [(x,y)] \in X/\sim_f \iff 2x - y = 2a - b \iff (x,y) \sim (a,b) \iff (a,b) \in [(x,y)] \in X/\sim$이다.

1.2.8. $[v_1] = [v_2]$이고 $[w_1] = [w_2]$이므로 $v_1 - v_2, w_1 - w_2 \in N$이다. 그런데, N은 부분공간이므로 $(v_1 - v_2) + (w_1 - w_2) = (v_1 + w_1) - (v_2 + w_2) \in N \Rightarrow v_1 + w_1 \sim v_2 + w_2 \Rightarrow [v_1 + w_1] = [v_2 + w_2]$이다.

1.2.9. 표준사영함수 $\pi : V \to V/N$는 위로의 선형사상이고 $\ker(\pi) = N$이므로 벡터 공간의 차원 정리로부터 $\dim V/N = \dim V - \dim N = 5 - 2 = 3$이다.

1.2.10. (1) 명제 1.19의 Step 1.이다. (2) (1)의 f를 π'라 하자. 그러면 가정으로부터 $a \sim b \Rightarrow a \sim' b \Rightarrow \pi'(a) = \pi'(b)$이다. 따라서 (1)로부터 $\bar{\pi}'([x]) = \pi'(x)$로 정의되는 함수 $\bar{\pi}'$가 존재한다. 그런데 $\pi(x) = [x]$이므로(정의 1.18) $\pi' = \bar{\pi} \circ \pi$이다. (3) 표준사영 함수 π'가 위로의 함수이므로 $\bar{\pi}'$도 위로의 함수이다. 따라서 문제의 부등식이 성립한다. (4) $\mathbb{Z}_4$와 $\mathbb{Z}_2$를 $\mathbb{Z} = X$의 상집합으로 이해하면 문제의 가정을 모두 만족시키므로 f는 위로의 함수이다.

1.3절 연습문제 풀이

1.3.1. 자연수 집합의 부분집합 $S = \{n \mid n\sqrt{5} \in \mathbb{N}\} \subset \mathbb{N}$으로 정의하자. 만약 $\sqrt{5}(= a/b)$, $(a, b) = 1, a, b \in \mathbb{N}$가 유리수라 하면 $S \neq \emptyset$. 그러면 정수의 정렬성으로부터 최소원 $l \in S$이 존재한다. 그리고 $(\sqrt{5} - 2)l\sqrt{5} = 5l - 2l\sqrt{5}$ 에서 $l \in S$이므로 우변의 값과 $(\sqrt{5} - 2)l$은 모두 자연수이다. 그러므로 집합 S의 정의로부터 $(\sqrt{5} - 2)l \in S$이다. 그러나 $\sqrt{5} < 3 \Rightarrow (\sqrt{5} - 2)l < l$이므로 l의 최소성에 모순이다.

1.3.2. $\mathbb{Z}_8^* = \{1, 3, 5, 7\}$이고 $\mathbb{Z}_{15}^* = \{1, 2, 4, 7, 8, 11, 13, 14\}$이다.

1.3.3. 나눗셈을 반복해서 실행하면 $803 = 154 \times 5 + 33$, $154 = 33 \times 4 + 22$, $33 = 22 \times 1 + 11$, $22 = 11 \times 2 + 0$이므로 명제 1.31로부터 $(803, 154) = (154, 33) = (33, 22) = (22, 11) = 11$이다.

1.3.4. $\frac{40}{21} = 1 + \frac{1}{\frac{21}{19}} = 1 + \frac{1}{1+\frac{1}{\frac{19}{2}}} = 1 + \frac{1}{1+\frac{1}{9+\frac{1}{2}}}$이다. 가장 마지막 단계의 $\frac{1}{2}$을 제외한 부분을 가분수 형태로 표현하면 $1 + \frac{1}{1+\frac{1}{9}} = 1 + \frac{1}{\frac{10}{9}} = 1 + \frac{9}{10} = \frac{19}{10}$이다. 따라서 $(s, t) = (10, -19)$이다. 일반해는 $(s, t) = (10 + 21k, -19 - 40k), k \in \mathbb{Z}$이다.

1.3.5. $\frac{13}{5} = 3 - \frac{2}{5} = 3 - \frac{1}{\frac{5}{2}} = 3 - \frac{1}{3-\frac{1}{2}}$이므로 $a = 3$, $b = 3$, $c = 2$이다.

1.3.6. $(3, 14) = 1$이므로 오일러 정리(명제 1.41)로부터 $3^{\varphi(14)} \equiv 1 \pmod{14}$이다. $\varphi(14) = \varphi(2)\varphi(7) = 6$이므로 $3^{200} \equiv 3^{6\times33+2} \equiv 3^2 \equiv 9 \pmod{14}$이다.

1.3.7. $7n + 3 = (2n + 1) \times 3 + n$, $2n + 1 = n \times 2 + 1$, $n = 1 \times n + 0$이므로 명제 1.31로부터 $(7n + 3, 2n + 1) = (2n + 1, n) = (n, 1) = 1$이다. 따라서 임의의

자연수 n에 대하여 문제의 식은 분모가 $2n+1 \geq 3$인 양의 기약분수이므로 정수가 아니다.

다른 풀이) $\frac{7n+3}{2n+1} = 3 + \frac{n}{2n+1}$, $0 < \frac{n}{2n+1} < 1$이므로 양의 정수는 n은 존재하지 않는다.

1.3.8. $a \sim c \Rightarrow m \mid (a-c) \Rightarrow m \mid (a-c)b$, $b \sim d \Rightarrow m \mid (b-d) \Rightarrow m \mid (b-d)c$이므로 $m \mid (a-c)b + (b-d)c \Rightarrow m \mid (ab-cd)$이다. 따라서 $ab \sim cd$이다.

1.3.9. $50 = 2 \times 5^2$이므로 단원집합 $\mathbb{Z}_{50}^*$의 원시원소가 존재한다. 특히, $\overline{3} \in \mathbb{Z}_{50}^*$의 위수 $\mathrm{ord}_{50}(3) = 20 = \varphi(50)$이므로 $g = 3$이다. (2) n은 3 또는 21이다.

1.3.10. (1) 단원집합 $\mathbb{Z}_p^*$는 원시원소 g라 하면

$$\mathbb{Z}_p^* = \{1, 2, 3, \dots, p-1\} = \{g^0 = 1, g^1, g^2, \dots, g^{p-2}\}$$

이다. 따라서 $1 \times 2 \times 3 \times \cdots \times (p-1) = g^{0+1+2+\cdots+(p-2)} = g^{\frac{(p-2)(p-1)}{2}}$이다. (2) $x^2 - 1 = (x+1)(x-1) = 0$이다. 그런데 p는 소수이므로 $x+1$ 또는 $x-1$은 p의 배수이다. 따라서 $x = 1$ 또는 $p-1(=-1)$이다. (3) (1)에서 $a = g^{\frac{p-1}{2}}$이라 하면 $a^2 = g^{p-1} = 1$이다. 즉, $a = \pm 1$이다. $a = 1$이면 원시근의 정의에 모순이므로 $a = -1$이다. 그리고 $p-2$는 홀수이므로 $(p-1)! = (g^{\frac{p-1}{2}})^{p-2} = (-1)^{p-2} = -1$이다.

2.1절 연습문제 풀이

2.1.1. 대칭군 S_3에서 $(12)(13) = (132)$이지만 $(13)(12) = (123)$이므로 $(12)(13) \neq (13)(12)$이다.

2.1.2. (1) $((x_1, y_1) * (x_2, y_2)) * (x_3, y_3) = (x_1 + (-1)^{y_1} x_2, y_1 + y_2) * (x_3, y_3) = (x_1 + (-1)^{y_1} x_2 + (-1)^{y_1+y_2} x_3, y_1 + (y_2 + y_3)) = (x_1 + (-1)^{y_1}(x_2 + (-1)^{y_2} x_3), y_1 + (y_2 + y_3)) = (x_1, y_1) * ((x_2, y_2) * (x_3, y_3))$이므로 결합법칙이 성립한다. 항등원은 $(0, 0)$이다. (x_1, y_1)의 역원은 $((-1)^{1-y_1} x_1, -y_1)$이다. (2) $(1,3)*(3,4) \neq (3,4)*(1,3)$이다.

2.1.3. (가) $2x+2$ (나) $2x+1$ (다) $x+1$ (라) x (마) $2x+1$

2.1.4. G의 항등원은 $\emptyset$이고 $\{1\}\Delta\{1\}=\emptyset$이므로 $\{1\}$의 역원은 $\{1\}$이다.

2.1.5. 가정으로부터 $(a*b)*a^{-1}*b^{-1}=e$이므로 $(a*b)*a^{-1}=b$이다. 따라서 $a*b=b*a$이다.

2.1.6. (1) $\tau^{-1}=(1432) \Rightarrow \tau^{-2}=(13)(24)$이다. 따라서 $\theta=(13)(24)(12)=(1423)$이다. (2) $\eta=(1243)$이다.

2.1.7. $\sigma(i)=a_i$라 하면 $x_\sigma=\frac{a_1a_2a_3+a_1+a_3}{a_2a_3+1}=\frac{a_1+a_3+6}{a_2a_3+1}$이다.

$$a_3=1, \frac{a_1+7}{a_2+1}=\frac{10}{3},\frac{9}{4},\ a_3=2, \frac{a_1+8}{2a_2+1}=\frac{11}{3},\frac{9}{7},\ a_3=3, \frac{a_1+9}{3a_2+1}=\frac{11}{4},\frac{10}{7}$$

이다. 따라서 $X=\{\frac{10}{3},\frac{9}{4},\frac{11}{3},\frac{9}{7},\frac{11}{4},\frac{10}{7}\}$이다.

2.1.8. 정수의 나머지 정리로부터

$$m=\mathrm{ord}(a)q+r, 0\le r<\mathrm{ord}(a) \Rightarrow e=a^m=a^{\mathrm{ord}(a)q+r}=a^{\mathrm{ord}(a)q}a^r \Rightarrow a^r=e$$

이다. $r\neq 0$이면 $\mathrm{ord}(a)$의 최소성에 위배되어 $m=\mathrm{ord}(a)q$이다.

2.1.9. $|G|=4$이므로 연산표는 문제 2.11의 둘 중 하나이다. 후자의 경우라면 $b^2=a$이다. 즉, $a=c$이므로 모순이다.

2.1.10. (가) $(12)(23)=(123)$이므로 (123)이다. (나) $(23)(123)=(13)$이므로 (13)이다. (다) $(23)(132)=(12)$이므로 (12)이다. (라) $(123)(123)=(132)$이므로 (132)이다. (마) $(123)(132)=(1)$이므로 (1)이다. (바) $(132)(12)=(23)$이므로 (23)이다.

2.1.11. 답) (3) G는 이항연산에 대해 닫혀 있으므로 $\{i^n \mid n\in\mathbb{Z}\}\subset G$이다. 그런데 $|G|=4$이므로 $G=\{i,-1,-i,1\}$이다. (1) $(-i)^2+1^2+(-1)^2=1$이다. (2) 복소수 집합 $\mathbb{C}$가 곱셈에 대한 교환법칙이 성립하므로 $G<\mathbb{C}$ 또한 그러하다. (3)

덧셈에 대한 항등원 0이 존재하지 않으므로 옳지 않은 명제이다. (4) $H = \{1, -1\}$이다.

2.1.12. $\sigma^2 = (1)(1)(1) = (1)$이므로 $\mathrm{ord}(\sigma) = 2$이다. (2) 일반성을 잃지 않고 $\sigma = (1234)$라 하자. $\sigma^2 = (13)(24) \Rightarrow (\sigma^2)^2 = \sigma^4 = (1)$이므로 $\mathrm{ord}(\sigma) = 4$이다.

2.1.13. 상집합은 $(123) \in S_3 \setminus H$이므로 $(123)H = \{(123), (13)\}$는 한 좌잉여류이다. $(132) \in S_3 \setminus (H \cup (123)H)$이므로 상집합은 $S_3/\sim = \{H, (123)H, (132)H\}$이다.

2.1.14. 군 G의 원소 $a(\neq e)$에 대하여 $\mathrm{ord}(a) \neq 1$이다. 그리고 라그랑주 정리로부터 $\mathrm{ord}(a) | |G| = p \Rightarrow \mathrm{ord}(a) = p = |G| \Rightarrow G = \langle a \rangle$이다. 그런데 임의의 $1 \le i \le p-1$에 대하여 $\mathrm{ord}(a^i) = \frac{\mathrm{ord}(a)}{(\mathrm{ord}(a), i)} = \frac{p}{(p,i)} = p$이므로 생성원은 $p-1$개이다.

2.1.15. $e^{\frac{2\pi i}{3}} = \omega$라 하자. $\omega^3 = e^{2\pi i} = 1$이고 $\omega \neq 1$이므로 $\mathrm{ord}(\omega) = 3$이다.

2.1.16. $|G| = n$이면 생성원의 개수는 $\varphi(n)$이다. 그런데 $n \ge 3$이면 $\varphi(n) \ge 2$이다. 따라서 $\varphi(n) = 1 \Rightarrow n = 1$ 또는 2이다. 전자의 경우 $G = \{e\}$이고 후자의 경우 $G = \{e, a\}$이다.

2.1.17. 정수의 나머지 정리로부터 $\mathbb{Z} = \sqcup_{k=0}^{7}(k + 8\mathbb{Z})$이므로 $[\mathbb{Z} : 8\mathbb{Z}] = 8$이다.

2.1.18. $\mathbb{Z}_{pq} = \langle a \rangle$로 표시하자. $\mathrm{ord}(a^n) = \frac{pq}{(pq,n)} = pq$, $1 \le n \le pq-1$이다. 따라서 $(pq, n) = 1$인 자연수 n의 개수는 $\varphi(pq) = (p-1)(q-1)$이다.

2.1.19. $4, \dots, n$를 고정시키는 치환을 생각하면 $S_3 < S_n$이다. 그런데 $(12)(23) = (123) \neq (132) = (23)(12)$이므로 대칭군 S_n은 가환이 아니다.

2.1.20. $a \in \mathbb{Z}_{500}$에 대하여 $\mathrm{ord}(a) = \frac{500}{\gcd(a,500)} = 5$이므로 $\gcd(a, 500) = 100$이어야 한다. 따라서 $a = 100, 200, 300, 400$이므로 4개이다.

2.1.21. (1) 문제의 치환의 순환표현은 $\sigma = (14)(3578)$이다. $\sigma^2 = (37)(58) \Rightarrow \sigma^4 = (1)$이므로 $\mathrm{ord}(\sigma) = 4$이다. (2) $\mathrm{ord}(5) = \frac{12}{\gcd(5, 12)} = 12$이므로 $\mathbb{Z}_{12} = \langle 5 \rangle$이다. (3) $\varphi(360) = \varphi(8)\varphi(9)\varphi(5) = 4 \times 6 \times 4 = 96$이다.

2.1.22. $a^{12} = e$이다. (1) $a^{8k} = e \Rightarrow 12|8k \Rightarrow 3|2k \Rightarrow 3|k$이므로 최소의 양의 정수 $k = 3$이다. (2) $\mathrm{ord}(a^n) = \frac{12}{(n, 12)} = 12 \Rightarrow (n, 12) = 1$이므로 $n = 1, 5, 7, 11$이다.

2.1.23. $H \cap K < H, K$이므로 라그랑주 정리로부터 $|H \cap K| | |H|, |K| \Rightarrow |H \cap K| = 1 \Rightarrow H \cap K = \{e\}$이다.

2.1.24. 5명 중 본인의 모자를 착용하는 학생 2명의 경우의 수는 $\binom{5}{2}$이다. 나머지 3명의 학생이 타인의 모자를 착용하는 경우의 수는 대칭군 S_3의 원소 중 모든 원소를 바꾸는 치환이므로 (123), (132)으로 2가지이다. 따라서 모든 경우의 수는 $\binom{5}{2} \times 2 = 10 \times 2 = 20$이다.

2.1.25. S_3의 각각의 원소에 대해 위수를 셈하여 보면 $\langle(12)\rangle$, $\langle(13)\rangle$, $\langle(23)\rangle$으로 서로 다른 세 개의 부분군이 있다.

2.1.26. $\mathrm{ord}(e) = 1 \Rightarrow e \in H$이다. $h_1, h_2 \in H \Rightarrow (h_1h_2)^2 = h_1^2h_2^2 = e \cdot e = e \Rightarrow h_1h_2 \in H$이다.

2.2절 연습문제 풀이

2.2.1. $y = g \cdot x$ 인 g가 존재한다고 가정하면 $y = g \cdot x \in G \cdot x$이므로 $y \in G \cdot x$이다. $y = e \cdot y \in G \cdot y$이므로 $G \cdot x \subseteq G \cdot y$이다. 같은 방식으로 $G \cdot x \supseteq G \cdot y$임을 보일 수 있다. $G \cdot x = G \cdot y$라고 가정하면 $y = e \cdot y \in G \cdot y$이고 $G \cdot x = G \cdot y$이므로 $y = g \cdot x$인 $g \in G$가 존재한다.

2.2.2. (1) $g \circ g(a + b\sqrt{2}) = g(a - b\sqrt{2}) = a + b\sqrt{2}$이므로 $g^2 = \mathrm{id}$이므로 G는 위수가 2인 군을 이룬다. (2) 먼저 $\mathrm{id} \cdot x = x$이다. 임의의 $x \in X$와 $g_1, g_2 \in G$에 대하여 $(g_1 \circ g_2) \cdot x = g_1 \cdot (g_2 \cdot x)$가 성립함을 보인다. $g_1 = \mathrm{id}$이면 $g_1 \circ g_2 = g_2$이므로 $(g_1 \circ g_2) \cdot x = g_2(x) = g_2 \cdot x = g_1 \cdot (g_2 \cdot x)$이다. $g_1 = g$이고 $g_2 = \mathrm{id}$이면 같은 방법으로 조건을 만족시킨다. 만약 $g_1 = g_2 = g$이면 $g_1 \circ g_2 = \mathrm{id}$이므로

$(g \circ g) \cdot x = (g \circ g) \cdot x = \mathrm{id} \cdot x = x = g \cdot (g \cdot x)$이다. (3) $g(\sqrt{2}) = -\sqrt{2}$이므로 $G_{\sqrt{2}} = \{\mathrm{id}\}$이다. (4) $x = a + b\sqrt{2}$라 하자. $\mathrm{id} \cdot x = x$이고 $g \cdot x = a - b\sqrt{2}$이므로 $G \cdot x = \{a + b\sqrt{2}, a - b\sqrt{2}\}$이다. 따라서 조건으로부터 $b = 0$이다. 즉, $x \in \mathbb{Q}$일 때 오직 이때만 $G \cdot x \subset \mathbb{Q}$이 성립한다.

2.2.3. $G \cdot \sigma = \{(12), (23), (13)\}$이고 $G_\sigma = \{(1), (12)\}$이다.

2.2.4. (1) $\forall s \in G_x, g{*}s{*}g^{-1} \in g{*}G_x{*}g^{-1} \Rightarrow s{\cdot}x = x \Rightarrow g{\cdot}(s{\cdot}x) = g{\cdot}x \overset{e \cdot x = (g^{-1}*g)\cdot x = x}{\Leftrightarrow}$ $g \cdot (s \cdot [(g^{-1} * g) \cdot x]) = g \cdot x \Leftrightarrow (g * s * g^{-1}) \cdot (g \cdot x) = g \cdot x \Leftrightarrow g * s * g^{-1} \in G_{g \cdot x}$. (2) $g^{-1} * G_{g \cdot x} * g \leq G_{g^{-1} \cdot (g \cdot x)} = G_x \Rightarrow g * (g^{-1} * G_{g \cdot x} * g) * g^{-1} \leq g * G_x * g^{-1} \Rightarrow$ $e * G_{g \cdot x} * e^{-1} = G_{g \cdot x} \leq g * G_x * g^{-1}$이다.

2.2.5. 집합 X는 $Y = \{(1,1), (2,2), (3,3)\}$와 $X \setminus Y$로 분할된다.

2.2.6. $x \sim x \Leftrightarrow G \cdot x = G \cdot x$이고 $x \sim y \Rightarrow G \cdot x = G \cdot y \Rightarrow G \cdot y = G \cdot x \Rightarrow y \sim x$이다. 끝으로 $x \sim y$, $y \sim z$이면 $G \cdot x = G \cdot y$, $G \cdot y = G \cdot z$이므로 $G \cdot x = G \cdot z$이다. 즉, $x \sim z$이다.

참고) 집합 X와 군 G가 위상공간의 구조도 있으면 동치관계의 개념을 궤도의 덮개가 교집합이 있을 때로 확장하기도 한다. 즉, 관계를 $x \sim y \iff \overline{G \cdot x} \cap \overline{G \cdot y} \neq \emptyset$로 정의한다(힐베르트의 기하적 불변량 이론).

2.2.7. (1) 임의의 치환에 대하여 가능한 모든 원순열을 생각할 수 있으므로 $[1234] \in X$의 궤도는 $S_4 \cdot [1234] = \{\sigma \cdot [1234] \mid \sigma \in S_4\} = X$이다. (2) $x = [1234]$에 대한 안정자 부분군은 $(S_4)_x = \{(1234)^k \mid 0 \leq k \leq 3\}$이다. (3) (1)로부터 문제의 작용은 홑궤도이다. 따라서 궤도분할 정리와 궤도-안정자 정리로부터 $|X| = |S_4 \cdot x| = \frac{|S_4|}{|(S_4)_x|} = \frac{4!}{4} = 6$이다.

2.2.8. (가) 유리수, (나) 2^{-n}, (다) 지수법칙, (라) 정수의 정렬성, (마) $k - 1$ (바) $<$

2.2.9. $\mathrm{id} \cdot x = \mathrm{id}(x) = x$, $(g_1 \circ g_2) \cdot x = (g_1 \circ g_2)(x) = g_1(g_2(x)) = g_1 \cdot (g_2 \cdot x)$이다.

2.2.10. (2009) $G = \{e\}$ 이면 가환이다. 따라서 $|G| \geq 2$ 이라 하자. $|G|$가 합성수이면 코시 정리로부터 진부분군이 있다. 따라서 G의 위수는 소수이므로 가환이다.

2.2.11. 라그랑주 정리로부터 $|H| \mid |G| \Rightarrow |H| \in \{1, p, q\}$ 이다. $|H| = 1$ 이면 $H = \{e\}$ 이므로 H는 순환군이다. $|H| > 1$ 이면 위수 $|H|$는 소수이므로 코시 정리로부터 H는 순환군이다.

2.2.12. (1) 궤도-안정자 정리와 궤도 분할 정리로부터 등식 $|G| = |G \cdot g_0| + |G \cdot g_1| + |G \cdot g_2| = |G \cdot g_i||G_{g_i}|$, $i = 0,\ 1,\ 2$ 이다. (2) $x = e$로 선택하면 $G \cdot e = \{g * e * g^{-1} = e | g \in G\} = \{e\}$ 이므로 홀궤도이다. (3) $g_0 = e$라 하면 (1)의 등식은 $c_1 d_1 = c_2 d_2 = 1 + d_1 + d_2$로 변형된다. 그러면 $(c_2 - 1)d_2 = 1 + d_1 \leq 1 + d_2 \Rightarrow (c_2 - 2)d_2 \leq 1$ 이다. 따라서 $(c_2, d_2) = (3, 1)$ 이거나 $c_2 = 2$ 이다. $c_2 = 2$ 이면 $1 + d_1 + d_2 = c_1 d_1 = 2d_2 \Rightarrow 1 + d_1 = d_2 \Rightarrow c_1 d_1 = 2(1 + d_1) \Rightarrow (c_1 - 2)d_1 = 2$ 이므로 $c_1 = 2$ 또는 $c_1 = 3$ 이다. $c_1 = 2$ 이면 $1 + d_2 = d_1$ 이므로 가정$(d_1 \leq d_2)$에 모순이다. 따라서 $(c_1, d_1) = (3, 2)$ 이다.

2.2.13. $|G| = 1$ 이면 군 G의 부분군은 1개이다. $|G| \geq 2$ 이면 $\{e\} \neq G \leq G$ 임에 유의하라. $|G|$가 합성수이면 서로 다른 두 소인수를 위수로 하는 순환 부분군$(\neq G)$이 존재하여 모순이다(코시 정리). 따라서 위수 $|G|$는 소수이다.

2.2.14. (가) $H \cap K$ (나) 궤도-안정자 정리 (다) 유한집합

2.3절 연습문제 풀이

2.3.1. R은 90° 회전변환이므로 $R^4 = E$ 이고 $S^2 = E$ 이다. $SR^{-1} = \begin{pmatrix} 0 & 1 \\ 1 & 0 \end{pmatrix}$ 이므로 $(SR^{-1})^2 = E$ 이다.

2.3.2. (1) 치환 계산으로 확인할 수 있다. (2) σ를 행렬 A, τ를 행렬 B로 간주하면 (1)으로부터 대등한 이항연산 결과를 얻게 된다. 따라서 연산표 또한 같음을 알 수 있다.

2.3.3. (1) $E \in \mathrm{SL}_2(\mathbb{Z}) \neq \emptyset$이다. 그리고 $A, B \in \mathrm{SL}_2(\mathbb{Z})$이면 $|\det(A)| = |\det(B)| = 1$이다. $\det(BB^{-1}) = \det(B)\det(B^{-1}) = \det(E) = 1$이므로 $|\det(B^{-1})| = 1$이다. 따라서 B^{-1}의 모든 성분은 정수이다. 즉, $B^{-1} \in \mathrm{SL}_2(\mathbb{Z})$이다. 그런데 $|\det(AB^{-1})| = |\det(A)\det(B^{-1})| = |\det(A)||\det(B^{-1})| = 1$이므로 $AB^{-1} \in \mathrm{SL}_2(\mathbb{Z})$이다. (2) $\mathrm{ord}(A) = 4$이고 $\mathrm{ord}(B) = 3$이다. (3) $AB = \begin{pmatrix} 1 & 1 \\ 0 & 1 \end{pmatrix}$이다. 따라서 $(AB)^n = \begin{pmatrix} 1 & n \\ 0 & 1 \end{pmatrix}$, $n \in \mathbb{N}$이므로 $\mathrm{ord}(AB) = \infty$이다.

2.3.4. (1) 집합의 원소들은 모두 다르다는 것은 계산을 통해 확인할 수 있다. 뿐만 아니라 $\sigma^5 = \tau^2 = \mathrm{id}, \sigma\tau = \tau\sigma^{-1} = (12)(35)$이므로 대칭군의 이항연산에 대해 닫혀있어 부분군이다. (2) 부언 2.68과 같은 관계식을 가지므로 그 연산표 또한 일치한다.

참고) 좌표평면 위의 단위원에 내접하는 정오각형의 한 꼭짓점을 $(1, 0)$을 1, 나머지 네 꼭짓점을 반시계 방향으로 2, ... , 5로 순서매김하면 σ는 $\frac{2\pi}{5}$만큼 회전시키는 변환이고 τ는 x축 대칭을 뜻한다.

2.3.5. (1) 조건으로부터 $ababab = a^3b^3 \Rightarrow baba = a^2b^2 \Rightarrow (ba)(ba) = a^2b^2$이다.

(2) (1)에 의해 $(aba^{-1}b^{-1})^2 = (a^{-1}b^{-1})^2(ab)^2 = b^{-2}a^{-2}b^2a^2 = b^{-2}(ba^{-1})^2a^2 = b^{-2}ba^{-1}ba^{-1}a^2 = b^{-1}a^{-1}ba$이다.

(3) (2)를 제곱하면 $(aba^{-1}b^{-1})^4 = (b^{-1}a^{-1}ba)^2 = aba^{-1}b^{-1}$이다. 즉, $(aba^{-1}b^{-1})^3 = e$이다. $aba^{-1}b^{-1} \neq e$이면 $\mathrm{ord}(aba^{-1}b^{-1}) = 3 \mid |G|$가 되어 가정에 모순이다. 따라서 $aba^{-1}b^{-1} = e \Rightarrow ab = ba$이다.

2.3.6. (1) 정사면체의 밑면의 각 꼭짓점을 반시계방향으로 2, 3, 4, 뿔점을 1로 순번매김하자. σ는 $120°$ 회전변환이고, τ는 정사면체의 꼬인 위치의 두 선분 $\overline{14}$, $\overline{23}$의 중점들을 연결한 직선에 대해 $180°$ 회전변환이다. (2) $\mathrm{ord}(\sigma) = 3$이고 $\mathrm{ord}(\tau) = 2$이다. (3) 계산을 통해 12가지임을 알 수 있다.

2.3.7. $e_i \in G_i$를 항등원이라 하자. 곱집합 $G_1 \times G_2$의 항등원은 (e_1, e_2)이다. 한편, $(g_1, g_2) = (g_1, e_2) * (e_1, g_2) = (e_1, g_2) * (g_1, e_2)$이다. 그런데 $\langle(g_1, e_2)\rangle \cap \langle(e_1, g_2)\rangle = \{(e_1, e_2)\}$이므로 명제 2.60으로부터 $\mathrm{ord}((g_1, g_2)) = [\mathrm{ord}(g_1, e_2), \mathrm{ord}(e_1, g_2)] = [\mathrm{ord}(g_1), \mathrm{ord}(g_2)]$이다. 단, $\mathrm{ord}(g_1, e_2) = \mathrm{ord}(g_1)$이고 $\mathrm{ord}(e_1, g_2) =$

$\text{ord}(g_2)$이다. 왜냐하면 $(g_1, e_2)^{\text{ord}(g_1)} = (g_1^{\text{ord}(g_1)}, e_2) = (e_1, e_2) \Rightarrow \text{ord}(g_1, e_2) |$ ord (g_1)이고 $(g_1, e_2)^{\text{ord}(g_1, e_2)} = (e_1, e_2) \Rightarrow g_1^{\text{ord}(g_1, e_2)} = e_1 \Rightarrow \text{ord}(g_1) | \text{ord}(g_1, e_2)$ 이기 때문이다.

2.3.8. $(0, 0)$을 제외한 모든 원소의 위수가 3임을 계산을 통해 알 수 있다(명제 2.65의 증명과정 참고).

2.3.9. $3 \in \mathbb{Z}_{12}$의 위수는 4이고 $1 \in \mathbb{Z}_7$의 위수는 7이다. 따라서 $(3, 1)$의 위수는 $[4, 7] = 28$ 이다.

2.3.10. 군 $G = \mathbb{Z}_{12} \times \mathbb{Z}_7$의 위수는 84이다. 그리고 $\text{ord}(1, 1) = [\text{ord}((1, 0)), \text{ord}((0, 1))] = [12, 7] = 84$이다. 따라서 $\langle (1, 1) \rangle = \mathbb{Z}_{12} \times \mathbb{Z}_7$이다.

2.3.11. $\sigma = (1\,2\,4)(3\,5)$이다. 따라서 σ의 위수는 $3 \times 2 = 6$이다. 한편, $9 \in \mathbb{Z}_{12}$의 위수는 $\frac{12}{\gcd(9,12)} = \frac{12}{3} = 4$이다. 그러므로 $\text{ord}(\sigma, 9) = [\text{ord}(\sigma), \text{ord}(9)] = 12$이다.

3.1절 연습문제 풀이

3.1.1. 관계식 $a^2 = b^3 = 1$, $a^{-1}ba = b^{-1}$으로부터 $D_3 = \{1, b, b^2, a, ab, ab^2\}$이다. 그리고 $S_3 = \{(1), (123), (132), (12), (12)(123), (12)(132)\}$이다. 단, $(12)^2 = (123)^3 = (1)$, $(12)^{-1}(123)(12) = (132) = (123)^{-1}$이다. a를 (12), b를 (123)으로 대응시키면 관계식의 형태가 같으므로 연산표가 일치한다. 즉, 두 군은 서로 동형임을 알 수 있다.

3.1.2. G의 원소를 원소나열법으로 쓰면 $G = \{1, 3, 7, 9, 11, 13, 17, 19\}$이다. $C = \langle 3 \rangle = \{3, 3^2 = 9, 3^3 = 7, 3^4 = 1\}$은 위수가 4인 순환 부분군이다. 한편, 위수가 4이고 순환군이 아닌 군은 1을 제외한 3개의 원소의 위수가 모두 2이다(문제 2.11). 그런데, 군 G의 원소 중에서 위수가 2인 원소는 9, 11, 19뿐임을 계산을 통해 확인할 수 있으므로 $H = \{1, 9, 11, 19\}$이다.

3.1.3. $\mathbb{Z}_n \times \mathbb{Z}_m = \langle (1, 1) \rangle$이므로 $f(s(1, 1)) = sf(1, 1)$, $\forall s \in \mathbb{Z}$이다. 만약 $f(1, 1) = \overline{k}$ 이라 하면 $(k, mn) = 1 \Leftrightarrow \text{ord}(\overline{k}) = mn$이다. 즉, f가 일대일대응이므로 $f(1, 1)$ 의 값은 m과 n에 동시에 서로소일 때만 가능하다. 따라서 $\varphi(mn) = \varphi(m)\varphi(n)$개 존재한다.

3.1.4. f가 일대일대응이므로 역함수 f^{-1}도 그러하다. 임의의 $g_1' = f(g_1)$, $g_2' = f(g_2)$에 대하여 $f^{-1}(g_1'g_2') = f^{-1}(f(g_1)f(g_2)) = f^{-1}(f(g_1g_2)) = (f^{-1} \circ f)(g_1g_2) = \mathrm{id}_G(g_1g_2) = g_1g_2 = f^{-1}(g_1')f^{-1}(g_2')$이므로 보존조건 $\star$을 만족시킨다.

3.1.5. 가산집합 v.s. 비가산집합. 다른 풀이) $f : \mathbb{Q} \to \mathbb{R}$을 동형사상이라 하자. 임의의 x, $y \in \mathbb{Q}$에 대하여 $f(x+y) = f(x) + f(y)$이다. $f(1) = a(\neq 0)$라 하면 $f(2) = f(1) + f(1) = 2a$, ... , $f(n) = na$이다. 그리고 $0 = f(n + (-n)) = f(n) + f(-n) \Rightarrow f(-n) = -f(n) = -na$이다. $a = f(1) = f(n \times \frac{1}{n}) = nf(\frac{1}{n}) \Rightarrow f(\frac{1}{n}) = \frac{a}{n}$이다. 끝으로 $f(m \times \frac{1}{n}) = mf(\frac{1}{n}) = a\frac{m}{n}$이다. 이상의 논의로 임의의 $x \in \mathbb{Q}$, $f(x) = ax$이다. 그런데 f는 위로의 사상이기도 하므로 $f(b) = ab = \sqrt{2}$, $f(c) = ac = 1$인 b, $c \in \mathbb{Q}$가 존재한다. 그러면 $\frac{b}{c} = \sqrt{2}$가 유리수가 되어 모순이다.

3.1.6. $gy \neq yg$인 $g, y \in G$에 대하여 $\phi(x) = gxg^{-1}$는 군 G의 자기동형사상이다. 만약 $\phi = \mathrm{id}$이면 $\phi(x) = x, \forall x \in G$이다. 그러면 $\phi(y) = gyg^{-1} = y \Rightarrow yg = gy$이므로 모순이다. 따라서 ϕ는 항등사상이 아니므로 $\{\mathrm{id}, \phi\} \subset \mathrm{Aut}(G)$이다.

3.1.7. (1) $h(x) = h(y) \Rightarrow x^{-1}f(x) = y^{-1}f(y) \Rightarrow yx^{-1} = f(y)f(x^{-1}) = f(yx^{-1}) \Rightarrow yx^{-1} = e \Rightarrow y = x$이므로 h는 일대일함수이다. 그런데 G는 유한 집합이므로 위로의 함수이기도 하다. (2) (1)로부터 $g \in G$이면 $g = x^{-1}f(x)$가 되는 유일한 $x \in G$가 존재한다. $f(g) = f(x^{-1}f(x)) = f(x^{-1})f(f(x)) = f(x)^{-1}x = g^{-1}$이다. (3) (2)로부터 $f(g_1) = g_1^{-1}, f(g_2) = g_2^{-1}, f(g_1g_2) = (g_1g_2)^{-1} \Rightarrow g_1^{-1}g_2^{-1} = (g_1g_2)^{-1} \Rightarrow g_2g_1 = g_1g_2$이다.

3.1.8. $f(\overline{0}) = f(\overline{0} + \overline{0}) = f(\overline{0}) + f(\overline{0}) \Rightarrow f(\overline{0}) = \overline{0}$이다. 이로부터

$$\overline{0} = f(\overline{0}) = f(\overline{n}) = f(n \cdot \overline{1}) = nf(\overline{1}) \Rightarrow \mathrm{ord}(f(\overline{1}))|n$$

이다. 그런데 $\mathbb{Z}_m$ 안의 임의의 원소의 위수는 m의 약수이기도 하므로(라그랑주 정리) $\mathrm{ord}(f(\overline{1}))|m$이다. 그런데 $(m, n) = 1$이므로 $\mathrm{ord}(f(\overline{1})) = 1 \Leftrightarrow f(\overline{1}) = \overline{0}$이다. 따라서 가능한 준동형사상은 함숫값이 항상 $\overline{0}$인 상수함수뿐이다.

3.1.9. (가) $f(\tau) + f(\sigma)$ (나) 일대일대응 (다) $\sigma_1, \sigma_2 \in f^{-1}(0) \Rightarrow \sigma_1\sigma_2 \in f^{-1}(0)$

3.1.10. 우변$=(a\ d\ c)(e\ c\ b)(d\ a\ c)(c\ e\ b)=(a\ b\ c)$이다.

3.1.11. 교대군 A_n의 모든 원소는 짝수개의 호환의 곱으로 표시가능하다. 그런데 한 쌍의 호환의 형태는 다음과 같고 각각은 모두 길이가 3인 순환치환의 곱으로 표시 가능하다.

$$(ab)(ab)=(abc)^3, (ac)(ab)=(abc), (ab)(ac)=(acb), (ab)(cd)=(acb)(acd).$$

단, a, b, c, d는 서로 다른 자연수이다.

3.1.12. $A_4\times A_4\to A_4, (g,x)\mapsto g\cdot x=g*x*g^{-1}$인 교대군 A_4의 켤레류 작용(예제 2.46과 비교)을 생각하자. 모임의 원소의 개수는 $|A_4*(123)|$이다. 그런데 안정자 부분군 $(A_4)_{(123)}$은 위수가 3인 부분군이다. 따라서 궤도-안정자 정리로부터 모임의 서로 다른 원소의 개수는 4개이다. 실제로 $A_4*(123)=\{(123),(243),(142),(134)\}$이다.

3.1.13. 함수 f가 준동형사상이므로 $ab=f(a^{-1})f(b^{-1})=f(a^{-1}b^{-1})=f((ba)^{-1})=ba$이므로 G는 가환군이다.

3.1.14. $\mathbb{Z}_{12}$에서 $\mathbb{Z}_{30}$으로 가는 준동형사상을 f라고 할 때, $f(1)=n$이라고 하자. $12n=12f(1)=f(12)=f(0)=0$이다. 따라서 $30|12n\Rightarrow 5|n$이다. 따라서 n은 $5,10,15,20,25,30$이므로 6가지의 준동형사상이 있다.

3.1.15. (1) 위수가 6인 군은 $\mathbb{Z}_6$ 또는 대칭군 S_3과 동형이다. 그러므로 순환군이 아닌 군은 S_3과 동형이다. 따라서 군 G는 비가환이다. (2) 반례) 다이히드럴 군 D_4는 비가환이다.

3.2절 연습문제 풀이

3.2.1. (1) $f(n)=f(1+1+\cdots+1)=f(1)+f(1)+\cdots+f(1)=2n$이므로 $n\in\ker(f)\Rightarrow 3\mid 2n\Rightarrow 3\mid n$이다. 따라서 $K=\{0,3,6,9\}$이다. (2) $0+K=\{0,3,6,9\}$, $1+K=\{1,4,7,10\}, 2+K=\{2,5,8,11\}$이므로 $\mathbb{Z}_{12}/K=\{0+K,1+K,2+K\}$이다.

3.2.2. $N \lhd G \Rightarrow gNg^{-1} < N$이다. $g \in G$의 임의성으로부터 $g^{-1}Ng = g^{-1}N(g^{-1})^{-1} < N \Rightarrow N < gNg^{-1} \Rightarrow gNg^{-1} = N$이다. 즉, $G \subset N_G(N) \Rightarrow N_G(N) = G$이다.

3.2.3. 상군 G/N의 위수가 n이므로 라그랑주 정리로부터 상군의 원소 $gN \in G/N$의 위수는 n의 약수이다. 따라서 $(gN)^n = N \Rightarrow g^n N = N \Rightarrow g^n \in N$이다.

3.2.4. f가 위로의 함수라 하면 제 I 동형정리과 라그랑주 정리로부터 $|G/\sim| = |\mathrm{im}(f)| = 2 \Rightarrow |\ker(f)| = 6$이다. 그런데 A_4 안의 위수가 6인 부분군이 존재하지 않으므로 모순이다(문제 3.16의 (3)).

3.2.5. (1) $Hx = Hy \Rightarrow H = Hyx^{-1} \Rightarrow yx^{-1} \in H \Rightarrow (yx^{-1})^{-1} = xy^{-1} \in H \Rightarrow xy^{-1}H = H \Rightarrow x^{-1}H = y^{-1}H$이다. (2) $Hx = Ky \Rightarrow Hxy^{-1} = K$이다. $H < G$이므로 G의 항등원 $e \in H \Rightarrow exy^{-1} = xy^{-1} \in Hxy^{-1} = K \Rightarrow xy^{-1} \in K \Rightarrow (xy^{-1})^{-1} = yx^{-1} \in K$이다. 따라서 $Kyx^{-1} = K \Rightarrow Ky = Kx$이고 조건으로부터 $Hx = Ky$이므로 $Hx = Kx \Rightarrow H = K$이다.

3.2.6. $G = \{x_1 = (0,0), x_2 = (1,0), x_3 = (0,1), x_4 = (1,1)\}$이라 하자. G의 연산표를 구성해보면 $F(x_1) = \begin{bmatrix} x_1 & x_2 & x_3 & x_4 \\ x_1 & x_2 & x_3 & x_4 \end{bmatrix}$, $F(x_2) = \begin{bmatrix} x_1 & x_2 & x_3 & x_4 \\ x_2 & x_1 & x_4 & x_3 \end{bmatrix}$, $F(x_3) = \begin{bmatrix} x_1 & x_2 & x_3 & x_4 \\ x_3 & x_4 & x_1 & x_2 \end{bmatrix}$, $F(x_4) = \begin{bmatrix} x_1 & x_2 & x_3 & x_4 \\ x_4 & x_3 & x_2 & x_1 \end{bmatrix}$이다. 즉, F는 $\mathrm{im}(F)$ $= \{(1), (12)(34), (13)(24), (14)(23)\}$인 일대일 준동형사상이다.

3.2.7. (1) 임의의 치환 σ는 길이 2인 치환 (호환)들의 합성으로 표시할 수 있다 (가로사다리의 결합). 그러므로 $\sigma = (ij)$로 두어도 일반성을 잃지 않는다. 그리고 $a_1 = i, a_k = j$이라 하자 (그렇지 않다면 준식의 양변을 거듭 제곱하여 i를 맨 앞에 오도록 한다.). 그러면,

$$\begin{aligned}(ij)(ia_2 \cdots a_{k-1} j a_{k+1} \cdots a_m)(ij)^{-1} &= (ij)(ja_2 \cdots a_{k-1})(ia_{k+1}a_{k+2} \cdots a_m) \\ &= (ja_2 \cdots a_{k-1} i a_{k+1} \cdots a_m).\end{aligned}$$

순환 치환 속에 i, j가 있지 않는 경우는 탐구문제로 남긴다. (2) $\sigma_1 = (13425)$, $\sigma_2 = (1342)$ (3) 좌변은 위수가 2이지만 우변은 위수가 3으로 불가능하다. 즉, $(\sigma_4 \tau \sigma_4^{-1})^2 = \sigma_4 \tau^2 \sigma_4^{-1} = (1)$이지만 $(123)^2 = (132) \neq (1)$이다.

3.2.8. $H = \{g \in G \mid f(g) = g\}$라 하면 $H < G$이다. 왜냐하면, $f(e) = e \Rightarrow e \in H$이고 $g_1, g_2 \in H$이면 $f(g_1) = g_1$, $f(g_2) = g_2 \Rightarrow g_1g_2 = f(g_1)f(g_2) = f(g_1g_2) \Rightarrow g_1g_2 \in H$이다. 조건으로부터 $\frac{|G|}{2} < |H| \Rightarrow [G : H] = \frac{|G|}{|H|} < 2 \Rightarrow [G : H] = 1 \Rightarrow G = H$이다. 따라서 f는 항등 사상이다.

3.2.9. (1) $\begin{pmatrix} a & b \\ 0 & c \end{pmatrix} \begin{pmatrix} 1 & n \\ 0 & 1 \end{pmatrix} \begin{pmatrix} a & b \\ 0 & c \end{pmatrix}^{-1} = \begin{pmatrix} 1 & \bigstar \\ 0 & 1 \end{pmatrix}$이다. (2) 함수를 $p : G \to S_4$, $p(\sigma, \tau) = \tau$로 정의하면(사영함수) 군 준동형사상이고 $\ker(p) = N$이다.

3.2.10. (1) 정규성 조건과 연습문제 2.2.4의 등식 $G_{g \cdot x} = g * G_x * g^{-1} = G_x$로부터 (1)은 성립한다. (2) 대응함수의 역상의 이항연산을 상군 G/G_x의 이항연산을 이용하여 정의하면 된다.

3.2.11. $xy \in N \Rightarrow N = xyN \Rightarrow N = (xN)(yN) \overset{xN=(yN)^{-1}}{\Rightarrow} N = (yN)(xN) = yxN \Rightarrow yx \in N$이다.

3.2.12. 상군 G/N이 가환이므로 $(gN)(hN) = (hN)(gN) \Rightarrow ghN = hgN \Rightarrow (hg)^{-1}(gh) \in N$이다.

3.2.13. 일반적으로 $a \neq e$이고 $a^m = e$이면 $\mathrm{ord}(a)|m$이다. 특히, m이 소수이면 $\mathrm{ord}(a) = m$이다. (1) $4 + \langle 6 \rangle \neq 0 + \langle 6 \rangle$이고 $3 \cdot (4 + \langle 6 \rangle) = 12 + \langle 6 \rangle = 0 + \langle 6 \rangle$이므로 위수는 $\mathrm{ord}(4 + \langle 6 \rangle) = 3$이다. (2) $4 + \langle 15 \rangle \neq \langle 15 \rangle$이다. 그리고 $5 \cdot (6 + \langle 15 \rangle) = 30 + \langle 15 \rangle = 0 + \langle 15 \rangle$이므로 위수는 $\mathrm{ord}(6 + \langle 15 \rangle) = 5$이다.

3.2.14. Q의 부분군을 H라고 하자. $|H| = 1$이면 $H = \{e\}$이고 $|H| = 8$이면 $H = G$이므로 각각은 G의 정규 부분군이다. $|H| = 4$이면 $[G : H] = \frac{|G|}{|H|} = \frac{8}{4} = 2$이므로 정규 부분군이다. $|H| = 2$라고 하자. 위수가 2인 원소가 $A^2 = -E$ 뿐임을 셈을 통해 확인할 수 있다. 따라서 $H = \{E, -E\}$이다. 한편, 임의의 $g \in Q$에 대해 $gH = \{g, -g\} = Hg$이므로 부분군 $H \lhd Q$이다. 따라서 Q의 모든 부분군이 정규 부분군이다.

3.2.15. $\bigcap_{g\in G} gHg^{-1} = K$라 하자. $g_1, g_2 \in K \Rightarrow g_1 = gh_g g^{-1}, g_2 = gk_g g^{-1}, \forall g \in G, \exists h_g, k_g \in H$이다. 그러면 $g_1 * g_2^{-1} = (gh_g g^{-1}) * (gk_g^{-1} g^{-1}) = g * (h_g * (k_g)^{-1}) * g^{-1} \in K$이다. 임의의 $s \in G$에 대하여 $sKs^{-1} = \bigcap_{g\in G}(sg)H(sg)^{-1} \overset{x=sg}{=} \bigcap_{x\in G} xHx^{-1} = K$이므로 $K \lhd G$이다.

3.2.16. $H \lhd N_G(H)$이므로 $N_G(H)$는 명제의 S들 중 하나이다. 따라서 $N_G(H) \subset \bigcup_{H\lhd\forall S\leq G} S$이다. H를 정규 부분군으로 하는 G의 임의의 부분군 S에 대하여 $S \leq N_G(H)$이므로 $\bigcup_{H\lhd\forall S\leq G} S \subset N_G(H)$이다.

3.2.17. $\ker(f) \lhd S_n$임에 유의하라. 만약 $\ker(f) = \{(1)\}$이면 f는 동형사상이다. 따라서 정규 부분군 $A_n \lhd S_n$의 상은 정규 부분군이므로 $f(A_n) = A_n$이다. $\ker(f) = A_n$ 또는 S_n이면 $f(A_n) = \{(1)\} \leq A_n$이다.

3.3절 연습문제 풀이

3.3.1. 제 II 동형정리로부터 $HN \leq G$이다. 따라서 임의의 $g \in G$에 대하여 $g(HN)g^{-1} = gHg^{-1}gNg^{-1} = HN$이다.

3.3.2. $H\cap N \leq H, N$이므로 라그랑주 정리로부터 $|H\cap N|$은 두 군의 위수의 공약수이다. 따라서 $H \cap N = \{e\}$이므로 등식 (3.4)로부터 등식은 참이다.

3.3.3. 가환군의 부분군은 모두 정규 부분군이므로 H와 K는 모두 군 G의 정규 부분군이다. 따라서 HK는 G의 부분군이다.

3.3.4. 예를 들어 $G = S_3$, $H = \langle(12)\rangle$, $N = \langle(23)\rangle$ 이면 $HN = \{(1), (12), (23), (12)(23)\}$이므로 모순이다(라그랑주 정리).

3.3.5. (가) $H \times N$ (나) HN (다) $H \cap N$ (라) 궤도-안정자

3.3.6. (1) $H = \{0, 4, 8, 12, 16, 20\}$, $N = \{0, 6, 12, 18\}$이다. $HN = \{2k \mid 0 \leq k \leq 11\}$, $H \cap N = \{0, 12\}$이다. $2 + N = \{2, 8, 14, 20\}$, $4 + N = \{4, 10, 16, 20\}$이므로 $HN/N = \{0+N, 2+N, 4+N\}$이다. $4+(H \cap N) = \{4, 16\}$, $8+(H \cap N) = \{8, 20\}$이므로 $H/(H \cap N) = \{H \cap N, 4+(H \cap N), 8+(H \cap N)\}$이다. (2) 함수 $\overline{f}\colon HN/N \to H/(H \cap N)$, $x + N \mapsto 2x + (H \cap N)$은 동형사상이므로 제 II 동형정리가 성립한다.

3.3.7. $g \in G = KK^g$이므로 $g = ag^{-1}bg$, $\exists a, b \in K$이다. 소약법칙으로부터 $ag^{-1}b = e \Rightarrow g^{-1} = a^{-1}b^{-1} \in K \Rightarrow g \in K$이다. 따라서 $K^g = g^{-1}Kg = K$이므로 $G = K$이다.

3.3.8. $N \lhd N_G(N)$이고 가정으로부터 $H < N_G(N)$이다. 제 II 동형정리의 증명 과정에서 G의 역할을 $N_G(N)$으로 바꾸면 $HN < N_G(N)$이므로 HN은 G의 부분군이다.

3.3.9. $P \lhd N_G(P)$로부터 QP는 $N_G(P)$의 부분군을 이룬다. $N_G(P)$에서 제 II 동형정리를 적용하자. $QP/P \cong Q/Q \cap P \Rightarrow |QP| = [Q : Q \cap P]|P| \mid |G|$이므로 $[Q : Q \cap P] \mid m$이다. 그런데 라그랑주 정리로부터 $[Q : Q \cap P] \mid |Q| = 4 \Rightarrow [Q : Q \cap P] = 1 \Rightarrow Q = Q \cap P \Rightarrow Q \leq P$이다.

3.4절 연습문제 풀이

3.4.1. $(p^i\mathbb{Z}/p^j\mathbb{Z})/(p^{i+1}\mathbb{Z}/p^j\mathbb{Z}) \cong p^i\mathbb{Z}/p^{i+1}\mathbb{Z}$이다. $\mathrm{ord}(p^i + p^{i+1}\mathbb{Z}) = p$이므로 $p^i\mathbb{Z}/p^{i+1}\mathbb{Z} \cong \mathbb{Z}_p$이다.

3.4.2. 아니오. $G = \mathbb{Z}$, $H = 2\mathbb{Z}$, $K = 3\mathbb{Z}$라 하면 $f : H \to K, 2n \mapsto 3n$은 동형사상이지만 $G/H \cong \mathbb{Z}_2 \neq \mathbb{Z}_3 \cong G/K$이다.

3.4.3. 덧셈군 $\mathbb{Z}$의 두 부분군 $N = n\mathbb{Z}$와 $H = m\mathbb{Z}$에 대하여, 표준사영사상 $\pi\colon \mathbb{Z} \to \mathbb{Z}/N = \mathbb{Z}_n, a \mapsto a + N$이라 하자. 그러면 $\pi(H) = (H + N)/N = \langle m + N \rangle$ 이다. 따라서 제 II 동형정리로부터 $\mathrm{ord}(\langle m + N \rangle) = \big|(H+N)/N\big| = \big|H/(H \cap N)\big| \overset{m\mathbb{Z} \cap n\mathbb{Z} = [m,n]\mathbb{Z}}{=} \big|m\mathbb{Z}/[m,n]\mathbb{Z}\big| = \frac{[m,n]}{m}$ 이다.

3.4.4. G'가 가환군이므로 $f(N)$은 정규 부분군이다. 대응정리로부터 $f^{-1}(f(N)) = N \lhd G$이다. 다른 풀이) $\forall g \in G, n \in N \Rightarrow f(gng^{-1}n^{-1}) = f(g)f(n)f(g^{-1})f(n^{-1}) \overset{G':\text{가환}}{=} f(g)f(g^{-1})f(n)f(n^{-1}) = e' \Rightarrow gng^{-1}n^{-1} \in \ker(f) < N \Rightarrow gng^{-1} \in Nn = N$이다.

3.4.5. 12의 양의 약수에 대응하는 순환 부분군은 오직 하나씩 존재하므로 $\langle a^1 \rangle, \langle a^2 \rangle, \langle a^3 \rangle, \langle a^6 \rangle, \langle a^{12} \rangle$이다(문제 3.52).

3.4.6. 함수 f를 N에 제약하면 $f : N \to f(N)$은 여전히 군 준동형사상이므로 $f(N) < G'$이다. 임의의 $g' \in G'$에 대하여 f가 위로의 사상이므로 $f(g) = g', \exists g \in G$이다. $N = gNg^{-1} \Rightarrow f(N) = f(gNg^{-1}) = f(g)f(N)f(g)^{-1} = g'f(N)g'^{-1} \Rightarrow f(N) \lhd G'$이다.

아니오. $G = \mathbb{Z}_2$, $G' = S_3$, $\sigma = (12) \in G'$라 하자. $f \colon \mathbb{Z}_2 \to S_3$, $i \mapsto \sigma^i$는 군 준동형사상이다. 그런데 $f(\mathbb{Z}_2) = \langle \sigma \rangle$는 S_3의 정규 부분군이 아니다.

3.4.7. 임의의 $k \in f^{-1}(K')$에 대하여 $f(k) \in K'$이다. 임의의 $g \in G$에 대하여 $f(g^{-1}kg) = f(g)^{-1}f(k)f(g) \in f(g)^{-1}K'f(g) = K'$이다. 즉, $g^{-1}kg \in f^{-1}(K') \Rightarrow f^{-1}(K') \lhd G$이다.

3.4.8. (1) 제약 사상 $f : H \to G'$도 군 준동형사상이므로 $f(H)$는 G'의 부분군이다. (2) 대응정리로부터 $f(N) \lhd \operatorname{im}(f)$이다. 군 준동형사상 $H : G \to \operatorname{im}(f)/f(N)$, $H(g) = f(g) + f(N)$으로 정의하자. 그러면 $H(g) = f(g) + f(N) = f(N) \Leftrightarrow f(g) \in f(N)$이다. 즉, $f(g) = f(n), \exists n \in N$이다. $f(n^{-1}g) = e' \Rightarrow n^{-1}g \in \ker(f) < N \Rightarrow g \in N$이다. 역으로 $g \in N$이면 $f(g) \in f(N)$이다. 따라서 $\ker(H) = N$이다. 결국 제 I 동형정리로부터 참이다. (3) 군 준동형사상 f와 표준사상의 합성 $\pi' \circ f : G \to \operatorname{im}(f) \to \operatorname{im}(f)/N'$ 에 제 I 동형정리를 적용한다. $\ker(\pi' \circ f) = f^{-1}(\pi^{-1}(e'N')) \overset{\text{문제}3.33}{=} f^{-1}(N')$이고 $\pi' \circ f$는 위로의 함수이다.

3.4.9. 상군 G/N의 위수는 17×19이다. G/N에 코시 정리를 적용하면 위수 19인 부분군이 존재한다. 그리고 그 부분군의 형태는 대응정리로부터 $H/N \leq G/N, N \leq H \leq G$와 같다. 따라서 $|H| = [H : N]|N| = |H/N||N| = 19 \times 13$이다.

3.4.10. $G = \mathbb{Z}$, $H = 2\mathbb{Z}$이다.

3.4.11. 임의의 $g \in G$에 대하여 $\mathrm{ord}(g) = \infty$이면 $\langle g \rangle \cong \mathbb{Z}$이다. 그러면 $m\mathbb{Z}$, $m \in \mathbb{Z}$ 꼴의 부분군이 무한히 많이 존재하여 증명은 끝났다. 따라서, $\mathrm{ord}(g) < \infty$이다. 즉, 군 G의 모든 원소는 유한 위수이다. $g_1 \in G - \{e\}$이면 $\langle g_1 \rangle \leq G$이다. 만약 $\langle g_1 \rangle = G$이면 $|G| = \infty$에 모순이다. $g_2 \in G - \langle g_1 \rangle$에 대하여 $\langle g_2 \rangle = G - \langle g_1 \rangle$이면 $G = \langle g_1 \rangle \cup \langle g_2 \rangle$이므로 $|G| = \infty$에 다시 한번 모순이다. 이와 같은 방식으로 서로 다른 유한순환 부분군 $\langle g_n \rangle \subset G$, $n \in \mathbb{N}$을 구성해갈 수 있으므로 무한히 많은 부분군이 존재한다.

3.4.12. $G \cong \mathbb{Z}_{12} \times \mathbb{C}^*$이다. $(a,b) \in G \Rightarrow \mathrm{ord}(a,b) = [\mathrm{ord}(a), \mathrm{ord}(b)]$이고 위수가 n인 순환군의 원소 중 $\mathrm{ord}(a) = d \mid n$인 원소의 개수는 $\varphi(d)$이다. 그리고 $\mathbb{C}^*$ 안의 위수가 m인 원소는 $e^{\frac{2\pi k i}{m}}$, $(k,m) = 1$, $1 \leq k \leq m-1$이다. $\mathrm{ord}(a,b) = 18$로 가능한 위수의 순서쌍은 $(\mathrm{ord}(a), \mathrm{ord}(b)) = (6,18), (3,18), (2,18), (1,18), (6,9), (2,9)$이다. 각각의 경우마다 가능한 원소의 순서쌍 (a,b)의 개수를 셈하면 $(\varphi(1)+\varphi(2)+\varphi(3)+\varphi(6)) \cdot \varphi(18) + (\varphi(2)+\varphi(6)) \cdot \varphi(9) = 6 \cdot 6 + 18 = 54$이다. 순환군 $\mathbb{Z}_{18}$과 동형인 서로 다른 모든 부분군을 $H_1, \cdots, H_m$이라 하자. 각각의 집합 H_i에서 위수가 18인 원소(생성원)의 개수는 $\varphi(18)$이고 이들은 모두 G에서 서로 다른 원소이다(그렇지 않다면, $H_i = H_j$가 되어 모순). 따라서 $m \times \varphi(18) = 54 \Rightarrow m = \frac{54}{\varphi(18)} = 9$이다.

3.4.13. $HN = \pi^{-1}(\pi(H))$이다. 왜냐하면 $x \in \pi^{-1}(\pi(H)) \Leftrightarrow \pi(x) \in \pi(H) \Leftrightarrow \exists h \in H, xN = hN \Leftrightarrow \exists h \in H, x \in hN \Leftrightarrow x \in HN$이기 때문이다. π가 위로의 군준동형사상이므로 정규 부분군 H에 대해 $\pi(H)$는 G/N의 정규 부분군이다. 따라서 $HN = \pi^{-1}(\pi(H)) \lhd G$이다.

3.4.14. (1) $H = \{0,4,8,12,16,20\}$, $N = \{0,8,16\}$이다. $G/H = \{0+H, 1+H, 2+H, 3+H\}$, $G/N = \{0+N, 1+N, \cdots, 7+N\}$, $H/N = \{0+N, 4+N\}$이다. $1+(H/N) = \{1+N, 5+N\}$, $2+(H/N) = \{2+N, 6+N\}$, $3+(H/N) = \{3+N, 7+N\}$이므로 $(G/N)/(H/N) = \{0+(H/N), 1+(H/N), 2+(H/N), 3+(H/N)\}$이다. (2) 함수 $\overline{f}\colon G/H \to (G/N)/(H/N)$, $x+H \mapsto x+(H/N)$은 동형사상이므로 제 III 동형정리가 성립한다.

3.4.15. G/H의 생성원의 개수는 $\varphi(520) = \varphi(8)\varphi(5)\varphi(13) = 192$이다. 한편, 순환군의 상군도 순환군임에 유의하자. $\text{ord}((aH)^{35}) = \frac{520}{\gcd(35,520)} = 104$이므로 K/H는 위수 104인 순환군이다. $|(K/H) \cap (L/H)| = n$이라 하면 $520 = |G/H| = \frac{|(K/H)||(L/H)|}{|(K/H)\cap(L/H)|} = \frac{104|(L/H)|}{|(K/H)\cap(L/H)|}$이므로 $|(L/H)| = 5n$이어야 한다. 그리고 $(K/H)\cap(L/H) < K/H$이므로 라그랑주 정리로부터 $n|104$이다. 104의 각각의 양의 약수에 대하여 G/H은 순환군이므로 위수가 $5n$인 부분군 L/H가 꼭 하나씩 존재한다. 그리고 대응정리로부터 $H < L < G$도 그러하다. 따라서 8개이다.

3.4.16. (1) 위수 20인 순환군의 부분군의 개수는 20의 양의 약수의 개수이므로 $(2+1)(1+1) = 6$이다. (2) 순환군 G는 위수가 38인 **유일한** 순환 부분군을 H라 하자. 그러면 위수가 $\text{ord}(a) = 38$인 $a \in G$의 원소에 대하여 $\langle a \rangle = H$이다. 따라서, 위수가 38인 순환군 H의 원소 중 생성원의 개수를 구하면 된다. 즉, $\varphi(38) = \varphi(2 \times 19) = (2-1)(19-1) = 18$이다.

3.4.17. (1) $\mathbb{Z}/4\mathbb{Z} \cong \mathbb{Z}_4$, $\mathbb{Z}/2\mathbb{Z} \times \mathbb{Z}/2\mathbb{Z} \cong \mathbb{Z}_2 \times \mathbb{Z}_2$이다. 전자는 위수가 4인 원소가 있지만 후자의 경우 위수가 ≤ 2이므로 서로 동형이 아니다. (2) $\mathbb{Z}/6\mathbb{Z} \cong \mathbb{Z}_6 = \langle 1 \rangle$, $\mathbb{Z}/2\mathbb{Z} \times \mathbb{Z}/3\mathbb{Z} \cong \langle (1,1) \rangle$이므로 두 상군 모두 위수 6인 순환군으로 서로 동형이다.

3.4.18. (1) 군 $G = \langle a \rangle$이라 하고 함수를 $f\colon \mathbb{Z} \to G = \langle a \rangle$, $i \mapsto a^i$ 로 정의하면 위로의 군 준동형사상이다. 그런데 핵 $\ker f$는 정수군 $\mathbb{Z}$의 부분군이므로 $\ker f = n\mathbb{Z}$, $\exists n \in \mathbb{Z}_{\geq 0}$꼴이다. 제 I 동형정리로부터 $\mathbb{Z}/n\mathbb{Z} \cong G$이고 $|G| = \infty$이므로 $n = 0$이다. 따라서 f는 군동형사상이다. (2) $G \cong \mathbb{Z}$이므로 $\langle \pm 1 \rangle = \mathbb{Z}$이므로 이에 대응되는 a, a^{-1}가 G의 생성원이다. (3) 임의의 $a, b \in G$에 대해 $\sigma(ab) = (ab)^{-1} = b^{-1}a^{-1} = a^{-1}b^{-1} = \sigma(a)\sigma(b)$, $\sigma(g^{-1}) = (g^{-1})^{-1} = g$, 그리고 $\ker \sigma = \{e\}$이므로 σ가 일대일대응인 군 준동형사상이다. (4) (2)로부터 $G \cong \mathbb{Z}$이므로 $f \in \text{Aut}(\mathbb{Z})$에 대하여 $\langle f(1) \rangle = \text{im}(f) \leq \mathbb{Z} \Rightarrow \text{im}(f) = m\mathbb{Z}, \exists m \in \mathbb{Z}_{\geq 0}$이다. 그런데 f는 전사이므로 $m = 1$이다. 따라서 $f(1) = 1$ 또는 -1이다. 전자의 경우 $f = \text{id}_{\mathbb{Z}}$이고 후자의 경우 $f(n) = -n, \forall n \in \mathbb{Z}$인데 (1)의 형태로 표시하면 σ에 해당한다.

3.4.19. (1)과 (2) 모두 거짓이다. (1) $|N| = 1$이면 $G/N \cong G$, $|N| = 2$이면 $|G/N| = 2$ 이므로 $G/N \cong \mathbb{Z}_2$, $|N| = 4$이면 $|G/N| = 1$ 이므로 $G/N \cong \{e\}$이다. 따라서 서로 동형이 아닌 상군은 총 3가지이다. (2) 제 I 동형정리로부터 $\mathbb{Z}/6\mathbb{Z} \cong \mathbb{Z}_6$ 이다. 순환

군 $\mathbb{Z}_6$의 부분군의 개수는 $6 = 2^1 \times 3^1$의 양의 약수의 개수이므로 $(1+1)(1+1) = 4$개이다.

4.1절 연습문제 풀이

4.1.1. $N \lhd G \Rightarrow gNg^{-1} < N$이다. $g \in G$의 임의성으로부터 $g^{-1}Ng = g^{-1}N(g^{-1})^{-1} < N \Rightarrow N < gNg^{-1} \Rightarrow gNg^{-1} = N$. 즉, $G \subset N_G(N) \Rightarrow N_G(N) = G$이다.

4.1.2. $\mathcal{X}_1 = \{\{e\}\}$, $\mathcal{X}_{43} = \{\langle a^{47}\rangle\}$, $\mathcal{X}_{47} = \{\langle a^{43}\rangle\}$, $\mathcal{X}_{2021} = \{\langle a\rangle\}$이다.

4.1.3. (가) B (나) BA

4.1.4. (가) $(1,0)$ (나) $(2,1)$ (다) $(0,1)$

4.1.5. (1) 위수가 2, 3인 군은 순환군이고, 위수가 4이면 순환군 $\mathbb{Z}_4$이거나 $\mathbb{Z}_2 \times \mathbb{Z}_2$임에 유의하자.

$$\mathcal{X}_2 = \{\langle s\rangle, \langle r^1 s\rangle \cdots, \langle r^5 s\rangle\} \cup \{\langle r^3\rangle\},\ \mathcal{X}_3 = \{\langle r^2\rangle\},$$
$$\mathcal{X}_4 = \{\langle r^3, s\rangle, \langle r^3, rs\rangle, \langle r^3, r^2 s\rangle\}$$

이다. (2) 도움정리 4.1로부터 성립한다. (3) 예를 들어, $Q = \langle r^3, s\rangle$, $P = \langle r^3, rs\rangle$이면 $g = r^2$으로 선택할 수 있다.

4.1.6. (1) $\mathcal{X}_4 = \{\langle(1234)\rangle, \langle(1243)\rangle, \langle(1324)\rangle, \langle(12),(34)\rangle, \langle(13),(24)\rangle, \langle(14),(23)\rangle, \langle(12)(34),(13)(24)\rangle\}$이고 $\mathcal{X}_8 = \{\langle(1234),(13)\rangle, \langle(1243),(14)\rangle, \langle(1324),(12)\rangle\}$이다. (2) 문제 3.2.7을 이용하여

$$(1234)T(1234)^{-1} = (12)T(12)^{-1} = T \Rightarrow (1234), (12) \in N_{S_4}(T)$$

이다. 그런데 $S_4 = \langle(1234),(12)\rangle$이고 $N_{S_4}(T)$는 군이므로 $N_{S_4}(T) = S_4$이다. (3) 예를 들어, $Q = \langle(1234),(13)\rangle$, $P = \langle(1243),(14)\rangle$, $\sigma = (34)$. (4) $|N_{S_4}(H)| = 8$이라 하면 (1)로부터 $N_{S_4}(H) \cong D_4$이어야 한다. 그런데 D_4 안의 위수 2인 정규 부분군의 형태(D_4 안의 위수 4인 원소 r에 대하여 $\langle r^2\rangle \lhd D_4$)를 살펴보면 H가 될 수 없으므로 모순이다. 따라서 $|N_{S_4}(H)| \mid 4$이다. 한편,

$H < N_{S_4}(H)$ 이므로 $|N_{S_4}(H)| = 2$ 또는 4이다. 그런데 $(34)H(34)^{-1} = H$ 이므로 $N_{S_4}(H) = \{(1), (12), (34), (12)(34)\}$ 이다.

4.1.7. 상군 G/H_7 의 부분군은 대응정리로부터 위수 3인 유일한 부분군 G/H_1 과 위수가 2인 3개의 부분군 G/H_2, G/H_3, G/H_4 가 존재하므로 $G/H_7 \cong S_3$ 이다.

4.2절 연습문제 풀이

4.2.1. (1) $|G| = 455 = 5\times7\times13$ 이다. 코시 정리로부터 $|H| = 13$ 인 $H < G$ 가 존재한다. 그런데 실로우 III 정리로부터 $n_{13} = 13k + 1 \mid 5 \times 7 \times 13$ 이므로 $n_{13} = 1$ 이다. 따라서 $H \lhd G$ 이다.

4.2.2. $H \in \mathcal{X}_{p^n}$ 이라 하자. 실로우 II 정리로부터 $xHx^{-1} = N \Rightarrow H = x^{-1}Nx \overset{N\unlhd G}{=} N$ 이므로 $|\mathcal{X}_{p^n}| = 1$ 이다.

4.2.3. $|P \cap Q| = p^s, s \leq n - 1$ 이므로 $|PQ| = \frac{|P||Q|}{|P\cap Q|} = p^{2n-s} > p^n$ 이다. 그러면 $|PQ|||G| = p^n m$ 에 모순이다(라그랑주 정리).

4.2.4. $n_p \mid p - 1$ 이므로 $n_p = 1$ 이다. 따라서 $H \lhd G$ 이다.

4.2.5. (1) $|G| = 7 \times 10$ 이므로 코시 정리로부터 $|H| = 7$ 인 $H < G$ 가 존재한다. 그런데 실로우 III 정리로부터 $n_7 = 7k + 1 \mid 10$ 이므로 $n_7 = 1$ 이다. 따라서 $H \lhd G$ 이다. (2) (1)과 같은 이유로 $|K| = 5$ 인 $K \lhd G$ 가 존재한다. 그런데 라그랑주 정리로부터 $H \cap K = \{e\}$ 이므로 HK 는 위수가 $\frac{|H||K|}{|H\cap K|} = 35$ 인 G 의 정규 부분군이다.

4.2.6. 실로우 I 정리에 의해 위수가 p^r 인 부분군이 존재한다. 그리고 실로우 III 정리로부터 $n_p = pk + 1 \mid p^r m \overset{n_p|m}{\Rightarrow} n_p = 1$ 이다. 따라서 위수가 p^r 인 부분군은 정규 부분군이므로 군 G 는 단순군이 아니다.

4.2.7. (1) 참 (2) 거짓 (1) 실로우 III 정리로부터 $n_5 = 5k + 1|8$ 이므로 $n_5 = 1$ 이다. 즉, $|H| = 5$, $H < G$ 이면 $H \lhd G$ 이다. 따라서 $|G/H| = \frac{|G|}{|H|} = \frac{40}{5} = 8$ 이다. (2) 반례는 $\langle\bar{6}\rangle \lhd G = \mathbb{Z}_{12}$ 이다.

4.2.8. 정규화 부분군 $N_G(H)$의 정의로부터 $H \lhd N_G(H)$이다. 임의의 $x \in N_G(H) \Rightarrow xHx^{-1} = H \overset{P \le N_G(P) \le H}{\Rightarrow} xPx^{-1} \subset xHx^{-1} = H$이다. 군 H 안의 P와 켤레 동형군 xPx^{-1}에 실로우 II 정리를 적용하면

$$\begin{aligned} yPy^{-1} = xPx^{-1}, \exists y \in H &\Rightarrow y^{-1}xP(y^{-1}x)^{-1} = P \\ &\Rightarrow y^{-1}x \in N_G(P) \subset H \Rightarrow x \in yH = H \end{aligned}$$

이다.

4.2.9. 군 G가 단순군이라면 군 준동형사상 $f : G \to G' \Rightarrow \ker(f) \lhd G \Rightarrow \ker(f) = \{e\}, G$이다. 후자는 상수함수임을 뜻하므로 $\ker(f) = \{e\}$이다. 한편, G가 단순군이 아니라면 정규 부분군 $N \lhd G, N \neq \{e\}, G$이 존재한다. 그러면 표준사영사상 $\pi : G \to G/N$의 핵은 $\ker(\pi) = N \neq \{e\}$이므로 모순이다.

4.2.10. 실로우 III 정리로부터 $n_7 = 1$ 또는 8이다. $n_7 = 1$이면 위수 7인 부분군은 정규 부분군이므로 주어진 군은 단순군이 아니다. 따라서 $n_7 = 8$이다. 각각의 부분군마다 위수 7인 원소는 $\varphi(7) = 6$개씩 존재하므로 군 G 안의 위수 7인 원소는 $n_7 \times \varphi(7) = 6 \times 8 = 48$개 존재한다.

4.2.11. (1) $g \in N_G(P) \le H \Rightarrow gPg^{-1} = P, g \in H \Rightarrow g \in N_H(P)$이다. 역으로 $g \in N_H(P) \le G \Rightarrow gPg^{-1} = P \Rightarrow g \in N_G(P)$이다. (2) 실로우 III 정리로부터 $P \le N_G(P) \le G,\ P \le N_H(P) \le H \Rightarrow [G : N_G(P)] = pk+1,\ [H : N_H(P)] = ps+1$이다. 그러므로 $[G : H] = \frac{[G:N_G(P)]}{[H:N_H(P)]} = \frac{pk+1}{ps+1} \Leftrightarrow [G : H](ps+1) = pk+1$로부터 $[G : H] = pl + 1$이다.

4.2.12. $30 = 2 \times 3 \times 5$이므로 실로우 III 정리로부터 $n_3 = 1$ 또는 10이고 $n_5 = 1$ 또는 6이다. $n_3 = 10$이고 $n_5 = 6$이면 위수가 3인 원소가 적어도 $20(= \varphi(3) \times 10)$개 있고 위수가 5인 원소가 $24(= \varphi(5) \times 6)$개 존재한다. 따라서 $30 = |G| \ge 44$가 되어 모순이다. 그러므로 $n_3 = 1$ 또는 $n_5 = 1$이다. $n_3 = 1$이라 하자. 위수 3인 부분군 H는 $H \lhd G$이다. 위수 5인 부분군 K에 대하여 제 II 동형정리로부터 $HK < G$이고 라그랑주 정리로부터 $H \cap K = \{e\}$이므로 $|HK| = \frac{|H||K|}{|H \cap K|} = 15$이다. $n_5 = 1$인 경우도 같은 방법으로 위수 15인 부분군이 존재한다.

4.2.13. (가) 15 (나) $N_G(P_7) \leq N_G(L)$ (다) $P_{25} \leq N_G(L)$ (라) 175

4.2.14. (1) 대응 f_g는 $g_iH = g_jH \Leftrightarrow g_i^{-1}g_j \in H \Leftrightarrow g_i^{-1}(g^{-1}g)g_j = (gg_i)^{-1}(gg_j) \in H \Leftrightarrow gg_iH = gg_jH$ 이므로 Φ는 일대일(대응)함수이고

$$\Phi(xy) = f_{xy} \overset{f_{xy}(g_iH)=xyg_iH=f_x(f_y(g_iH))}{=} f_x \circ f_y = \Phi(x) \circ \Phi(y), \forall x, y \in G$$

이므로 Φ는 군 준동형사상이다. (2) $g \in \ker(\Phi) \Rightarrow \Phi(g) = f_g = \mathrm{id}_X \Rightarrow gg_0H = H \Rightarrow g \in H \Rightarrow \ker(\Phi) \leq H$ 이다.
(3) (가) 제 I 동형 (나) 3 (다) 6 (라) 대응 참고) $N \lhd G$이면 등호 $\ker(\Phi) = N$가 성립한다. $\forall n \in N \Rightarrow n(g_iN) = n(Ng_i) = Ng_i = g_iN \Rightarrow f_n = \mathrm{id}_X$ 이기 때문에 $n \in \ker(\Phi)$이다.
(4) 제 I 동형정리로부터 $G/\ker\phi = \mathrm{im}\phi \leq S_p(X) \Rightarrow |G/\ker\phi| | p!$이다. 라그랑주 정리와 가정에 의해 $|G/\ker\phi| \mid |G| \Rightarrow |G/\ker\phi| = 1$ 또는 p이다. 전자의 경우 $G = \ker\phi \Rightarrow G < H \Rightarrow G = H$이므로 가정에 모순이다. 따라서 $|G/\ker\phi| = p \Rightarrow |\ker\phi| = \frac{|G|}{p} = |H| \Rightarrow \ker\phi = H \Rightarrow H \lhd G$이다.

4.2.15. $105 = 3 \times 5 \times 7$이다. 실로우 III 정리로부터 $n_5 \in \{1, 21\}$, $n_7 = \{1, 15\}$이다. $n_5 = 21$이고 $n_7 = 15$라 하자. 즉, $|\mathcal{X}_5| = 21$, $|\mathcal{X}_7| = 15$이다. 집합 $\mathcal{X}_5$ 안의 서로 다른 두 부분군에 대하여 라그랑주 정리로부터 교집합은 $\{e\}$뿐이므로 G의 위수가 5인 서로 다른 원소는 적어도 $(5-1) \cdot 21 = 84$개이다. 같은 요령으로 위수가 7인 서로 다른원소는 $(7-1) \cdot 15 = 90$개 존재한다. 따라서 $84 + 90 = 174 \leq |G| = 105$로 모순이다. 만약 $n_5 = 1$이면 $P_5 \lhd G$이고 코시 정리로부터 위수 7인 부분군 P_7이 존재한다. 그러면 $|P_5P_7| = 35$, $P_5P_7 < G$이다 (제 II 동형정리). 한편, 라그랑주 정리로부터 임의의 부분군 $H < G, H \neq G$에 대하여 $[G : H] \geq 3$이다. 그러므로 $P_5P_7 \lhd G$이다(연습문제 4.2.14). $n_7 = 1$일 때도 앞과 같은 요령으로 정규 부분군을 찾을 수 있다.

4.2.16. (1) $n_2 = 2k + 1 \mid 5 \Rightarrow n_2 = 1$ 또는 5이다. 조건 (b)로부터 $\mathrm{ord}(a) = \mathrm{ord}(b) = 4$, $\langle a \rangle \neq \langle b \rangle$인 어떤 $a, b \in G$가 존재하므로 $n_2 = 5$이다. 그리고 실로우 III 정리로부터 $\mathcal{X}_4$ 안의 모든 원소는 순환군이어야 한다. 따라서 위수가 4인 원소는 $\varphi(4) \times 5 = 10$개이다. (2) 실로우 III 정리로부터 $n_5 = 5k + 1 \mid 4 \Rightarrow n_5 = 1$이므로 군 G에는 위수가 5인 정규 부분군 P_5가 유일하게 존재한다. 그리고, $\mathrm{ord}(c) = 2$

인 G의 임의의 원소 c에 대하여 $\langle c\rangle \cap P_5 = \{e\}$이므로 $\langle c\rangle P_5$는 위수 10인 정규 부분군이다. 그러므로 조건 (a)로부터 임의의 c에 대하여 $H = \langle c\rangle P_5$로 하나의 부분군만 존재한다. 한편, $|H| = 10$이므로 $H \cong \mathbb{Z}_{10}$이거나 D_5이다. $H \cong \mathbb{Z}_{10}$(순환군)이면 H의 정규 부분군은 G의 정규 부분군이므로 조건 (a)에 모순이다(명제 4.6). 따라서 $H \cong D_5$이다. (3) $\mathrm{ord}(d) = 2$인 순환군을 $\langle d\rangle$라 하자. 그러면 (2)의 논의로부터 $H = \langle d\rangle P_5$이다. 특히, $d \in H$이다. D_5의 위수 2인 원소의 개수는 총 5개이므로 그것이 전부이다. (4) 군 G의 헤세도표는 프로베니우스 군(Frobenius group) F_{20}(문제 6.10)의 그것과 일치한다.

5.1절 연습문제 풀이

5.1.1. 표준사영사상 $\pi_i : G \to G_i/N_i$, $i = 1, 2$의 곱으로 정의된 군 준동형사상을 $\pi = (\pi_1, \pi_2) : G_1 \times G_2 \to (G_1/N_1) \times (G_2/N_2)$이라 하면 $\mathrm{im}(\pi) = (G_1/N_1) \times (G_2/N_2)$, $\ker(\pi) = \ker(\pi_1) \times \ker(\pi_2) = N_1 \times N_2$이므로 제 I 동형정리로부터 성립한다.

5.1.2. $AF_3 \cong S_3$이고 $AF_5 \cong D_5$이다.

5.1.3. $N_1 = m\mathbb{Z}$이고 $N_2 = n\mathbb{Z}$이다. 그러면 문제 5.1.1로부터 $G/\langle(1,1)\rangle = G/N_1 \times N_2 \cong \mathbb{Z}_m \times \mathbb{Z}_n$이다. 그런데 $\mathrm{ord}((1,-1) + \langle(1,1)\rangle) = \infty$이므로 모순이다. 단, $mn = 0$이면 가정의 등식을 만족시키지 못한다.

5.1.4. 비자명한 내직적으로 분해된다면 직적 성분 N_i는 군의 분류로부터 모두 가환군이므로 모순이다.

5.1.5. 조건 $n_p = n_q = 1$이므로 실로우 I, II 정리로부터 위수 $|P| = p^2$, $|Q| = q$인 정규 부분군 $P, Q \lhd G$가 존재한다. 그리고 라그랑주 정리로부터 $P \cap Q = \{e\}$이므로 $G = P \dot{\times} Q$이다. 한편, $P \cong \mathbb{Z}_p \oplus \mathbb{Z}_p$ 또는 $\mathbb{Z}_{p^2}$이므로 군 $G \cong \mathbb{Z}_{p^2} \oplus \mathbb{Z}_p$ 또는 $\mathbb{Z}_p \oplus \mathbb{Z}_p \oplus \mathbb{Z}_p$이므로 모든 경우에 가환이다.

5.1.6. 사영사상 $p_i : G_1 \times G_2 \to G_i$, $i = 1, 2$에 대하여 $\mathrm{im}(H) = H_i < G_i$이라 하면 $H \le H_1 \times H_2 \le G_1 \times G_2$이다. 한편, 제 I 동형정리로부터 $H/\ker(p_i) \cong H_i \Rightarrow |H_i|\,|\,|H| \overset{(|H_1|,|H_2|)=1}{\Rightarrow} |H_1||H_2|\,|\,|H|$이다. 따라서 $H \le H_1 \times H_2$로부터 $H = H_1 \times H_2$이다.

5.1.7. 코시 정리로부터 위수 조건을 만족하는 a, b가 존재한다. 문제 4.13으로부터 $\langle a\rangle, \langle b\rangle \lhd G$이다.

5.1.8. 군 준동형사상을 사영사상 $G = N \dot{\times} K \to K, (n,k) \mapsto k$로 정의하면 핵은 N이고 치역은 K이므로 제 I 동형정리로부터 성립한다.

5.1.9. 제 I 동형정리로부터 $\ker(f) \lhd G$이다. 만약 $g \in N \cap \ker(f) \setminus \{e\}$라 하면 제약 사상이 동형이므로 $f(g) \neq e'$이지만 $g \in \ker(f)$이므로 모순이다. 따라서 $N \times \ker(f) = \{e\}$이므로 $N \dot{\times} \ker(f) < G$이다. 한편, 제 I 동형정리와 조건으로부터 $|G| = |\mathrm{im}(f)||\ker(f)| = |G'||\ker(f)| = |N||\ker(f)|$이므로 $G = N \dot{\times} \ker(f)$이다.

5.1.10. $f : \mathbb{Z}_3 \to \mathbb{Z}_3$를 자기동형사상이라면 $\mathbb{Z}_3$은 순환군이므로 $f(1) = 1$ 또는 $f(1) = -1$이 가능하다. 따라서 $\mathrm{Aut}(\mathbb{Z}_3) = \{\mathrm{id}, \sigma\}$, $\sigma(n) = -n$, $\sigma \circ \sigma = \mathrm{id}$이므로 위수가 2인 군이다.

5.1.11. $s = (1,2), t = (2,1)$라 하자. 부분군 $\langle s\rangle$에 의한 G의 좌잉여류 분할은

$$G = \{s^0, s^1, s^2, s^3, s^4, s^5, t, ts, ts^2, ts^3, ts^4, ts^5\}$$

이다. 각각의 원소의 위수를 셈하면 위수가 4인 원소는 3개이다. 그리고 실로우 III 정리로부터 $n_2|3$이다. 따라서 $n_2 = 3$이다. 같은 방법으로 위수가 3인 원소의 개수는 $n_3 = 1$이다. 참고) 문제 5.12의 군 G에는 위수가 2, 3, 4, 6인 부분군이 각각 1, 1, 3, 1개씩 있다.

5.1.12. (1) 항등원은 $(0,0,0)$이고 역원은 $(x,y,z)^{-1} = (-x,-y,-z+xy)$이다. (2) (1)의 결과를 이용하여 계산한다.

5.1.13. (1) $g^{\mathrm{ord}(g)} = e \Rightarrow f(g^{\mathrm{ord}(g)}) = f(g)^{\mathrm{ord}(g)} = f(e) = e'$이므로 $\mathrm{ord}(f(g)) \mid \mathrm{ord}(g)$이다. (2) (1) 사영함수 p_1, p_2와 원소 (h,k)에 적용하면 $\mathrm{ord}(h)|\mathrm{ord}(h,k)$이고 $\mathrm{ord}(k)|\mathrm{ord}(h,k)$이다. 따라서 최소공배수의 정의로부터 $[\mathrm{ord}(h), \mathrm{ord}(k)]|\mathrm{ord}(h,k)$이다. (3) 문제 5.4의 풀이의 전반부 내용이다.

5.1.14. $\{e\}$, H, G를 G의 서로 다른 세 부분군이라 하자. 그러면 $\forall g \in G$에 대하여 $gHg^{-1} \cong H$이므로 가정으로부터 $gHg^{-1} = H$이다. 즉, $H \lhd G$이다. 그리고 H의 위수가 합성수이면 코시 정리로부터 H의 순환 부분군이 존재하여 가정에 모순이므로 $|H| = p$ (p는 소수)이다. 한편, 대응정리로부터 상군 G/H의 부분군은 H/H 또는 G/H뿐이다. 따라서 G/H의 위수는 소수 $|G/H| = q$이다. 그렇지 않다면 코시 정리로부터 $|G/H|$의 서로 다른 소인수에 해당하는 순환 부분군 K/H, $H < K$가 존재하여 가정에 모순이다. 즉, $|G| = pq$이다. 만약 $p \neq q$이면 코시 정리로부터 가정에 모순이므로 $p = q$이다. 따라서 $|G| = p^2$이다. 결국 $G \cong \mathbb{Z}_p \oplus \mathbb{Z}_p$ 또는 $G \cong \mathbb{Z}_{p^2}$이다. 전자의 경우 여전히 가정에 모순이므로 G는 순환군이다. 실제로 $G \cong \mathbb{Z}_{p^2} = \mathbb{Z}/p^2\mathbb{Z}$이다. 따라서 대응정리로부터 G의 부분군은 $\mathbb{Z}/p^2\mathbb{Z}$, $p\mathbb{Z}/p^2\mathbb{Z}$, $p^2\mathbb{Z}/p^2\mathbb{Z}$로 세 개이다.

5.2절 연습문제 풀이

5.2.1. $|G| = 24 = 2^3 \cdot 3$에 대하여 $3 = 3, 1+2, 1+1+1$이므로 총 가짓수는 3가지이다. 따라서 $G \cong \mathbb{Z}_{2^3} \oplus \mathbb{Z}_3,\ \mathbb{Z}_2 \oplus \mathbb{Z}_{2^2} \oplus \mathbb{Z}_3,\ \mathbb{Z}_2 \oplus \mathbb{Z}_2 \oplus \mathbb{Z}_2 \oplus \mathbb{Z}_3$이다.

5.2.2. 최솟값은 $\text{ord}(6,0,0) = 2$이다.

5.2.3. $\text{ord}(2,3,7) = \text{lcm}(\text{ord}(2), \text{ord}(3), \text{ord}(7)) = \text{lcm}(2,50,7) = 50 \times 7 = 350$이다.

5.2.4. $(gN)^{\text{ord}(g)} = g^{\text{ord}(g)}N = N \Rightarrow \text{ord}(gN)|\text{ord}(g)$이다. 역으로 $N = (gN)^{\text{ord}(gN)} = g^{\text{ord}(gN)}N \Rightarrow g^{\text{ord}(gN)} \in N \Rightarrow g^{\text{ord}(gN)} = e \Rightarrow \text{ord}(g)|\text{ord}(gN)$이다.

5.2.5. 아니오. $G = \mathbb{Z}_{p^3} \oplus \mathbb{Z}_q (\cong \mathbb{Z}_{p^3 q})$, $p \neq q$인 소수, $H = \mathbb{Z}_{p^2} \oplus \{0\}$로 두면 $G/H \cong (\mathbb{Z}_{p^3}/\mathbb{Z}_{p^2}) \oplus \mathbb{Z}_q/\{0\} \cong \mathbb{Z}_p \oplus \mathbb{Z}_q$이다. 따라서 $H \oplus (G/H) \cong \mathbb{Z}_{p^2} \oplus (\mathbb{Z}_p \oplus \mathbb{Z}_q) \cong \mathbb{Z}_{p^2 q} \oplus \mathbb{Z}_p$이므로 순환군이 아니다. 그러므로 $H \oplus (G/H)$는 G와 동형이 아니다.

5.2.6. $\mathbb{Z}_{12}$과 $\mathbb{Z}_{17}$은 모두 가환군이므로 이들의 직적인 G도 가환군이다.

5.2.7. 강한 귀납법으로 증명한다. 약수 d의 한 소인수가 소수 p일 때 $n = pm$ ($m \in \mathbb{N}$, p는 소수)으로 분해하자. 군 G에는 위수 p인 순환 부분군 N이 존재한다(코시 정리). 그리고 G가 가환이므로 $N \lhd G$이다. 그런데 $|G/N| = \frac{n}{p} < n$이므로

귀납법 가정으로부터 상군 G/N에는 위수가 $|H/N| = \frac{d}{p}$인 부분군 $H/N < G/N$, $N < H < G$가 존재한다. 라그랑주 정리로부터 $|H| = [H : N]|N| = \frac{d}{p} \times p = d$이므로 승명은 끝났다.

5.2.8. 위수 $|G|$의 소인수 중 홀수가 있다면 코시 정리로부터 위수가 p(소수)인 원소가 존재하여 가정에 모순이다. 따라서 $|G| = 2^m$ 꼴이다. 그리고 G의 부분군 중 $\mathbb{Z}_{2^n}$, $n \geq 2$과 동형인 것이 있다면 위수가 2^n인 원소가 존재하므로 역시 모순이다. 따라서 유한 가환군의 기본정리로부터 $G \cong \bigoplus_{i=1}^{m} \mathbb{Z}_2$이다. 참고) 문제의 조건을 만족시키는 무한군도 존재한다. 예를 들어, 자연수 집합 $\mathbb{N}$의 멱집합 $P(\mathbb{N})$은 연산 $\triangle$에 대하여 $\forall A \in P(\mathbb{N}) \Rightarrow A^2 = A \triangle A = \emptyset$이다.

5.2.9. (1) 부분군 H가 진 부분집합이면 G는 H의 부분군이 아니다. 따라서 G와 H의 부분군의 수가 같다는 사실에 모순이다. (2) G가 가환군이므로 H, K 모두 정규 부분군이다. 따라서 HK는 정규 부분군이다. (3) $\{0\} \leq \{0, 6\} \leq \mathbb{Z}_{12}$이므로 단순군이 아니다. (4) 순환군의 부분군은 모두 순환군이고 순환군은 가환군이다. (5) $h \in H \Leftrightarrow h^{-1} \in H \Leftrightarrow (h^{-1})^{-1} = h \in H^{-1}$이므로 $H^{-1} = H$이다. 따라서 $H^{-1} < G$이다.

5.2.10. 조건 (a)에 $i = k$, $j = 0$을 대입하면 $a_k * a_0 = a_k$이고 $i = 0$, $j = k$를 대입하면 $a_0 * a_k = a_k$이므로 a_0은 G의 항등원이다. 조건 (b)로부터 a_0이 아닌 모든 원소의 위수는 2이므로 G는 가환군이다. 따라서 가환군의 분류에 따라 $G \cong \mathbb{Z}_2 \oplus \mathbb{Z}_2 \oplus \mathbb{Z}_2$, $\mathbb{Z}_2 \oplus \mathbb{Z}_4$, $\mathbb{Z}_8$ 중 하나이다. 그러나 두 번째와 세 번째 군은 각각 위수가 4, 8인 원소가 존재하므로 $G \cong \mathbb{Z}_2 \oplus \mathbb{Z}_2 \oplus \mathbb{Z}_2$이다. 실제로 $a_0 = (0,0,0)$, $a_1 = (1,0,0)$, $a_2 = (0,1,0)$, $a_4 = (0,0,1)$, $a_3 = (1,1,0)$, $a_5 = (1,0,1)$, $a_6 = (0,1,1)$, $a_7 = (1,1,1)$로 두면 조건 (a), (b)를 모두 만족 시킨다.

5.2.11. $400 = 2^4 \times 5^2$이다. 4 (2)의 분할수는 4 (2)가지이므로 가환군의 기본정리로부터 위수가 400인 가환군의 서로 동형이 아닌 것의 종류는 $4 \times 2 = 8$가지이다.

5.2.12. 도움정리 5.19를 이용하면 $\mathbb{Z}_4 \times \mathbb{Z}_{18} \times \mathbb{Z}_{15} \cong \mathbb{Z}_4 \times (\mathbb{Z}_2 \times \mathbb{Z}_9) \times (\mathbb{Z}_3 \times \mathbb{Z}_5) \cong \mathbb{Z}_3 \times (\mathbb{Z}_2 \times \mathbb{Z}_5) \times (\mathbb{Z}_4 \times \mathbb{Z}_9) \cong \mathbb{Z}_3 \times \mathbb{Z}_{10} \times \mathbb{Z}_{36}$이므로 서로 동형이다.

5.2.13. $\mathbb{Z}_{10} \times \mathbb{Z}_n \cong \mathbb{Z}_{(10,n)} \times \mathbb{Z}_{[10,n]}$ 이므로 순환군일 필요충분조건은 $\gcd(10, n) = 1$ 이다. 따라서 $10 \leq n \leq 100$ 인 자연수 중 10과 서로소인 것의 개수는 $9 \times \varphi(10) = 36$ 이다.

5.2.14. $\mathbb{Z}_4 \times \mathbb{Z}_{p^n-1} \cong \mathbb{Z}_{(4,p^n-1)} \times \mathbb{Z}_{[4,p^n-1]}$ 이므로 순환군일 필요충분조건은 $\gcd(4, p^n - 1) = 1$ 이다. 따라서 $p = 2$ 이다. 그러면 $[4, p^n - 1] = 4 \times (2^n - 1)$ 이므로 $n = 1, 2, 3, 4, 5$ 이다.

5.2.15. 다이히드럴 군 D_4 와 상군 $\mathbb{Z}_q$ 의 직적인 $G = D_4 \times \mathbb{Z}_q$ 가 가능하다. 실제로 $D_4 \times \{0\} \lhd G$ 이므로 실로우 II, III 정리로부터 $n_2 = 1$ 이다. 같은 방법으로 $n_q = 1$ 이다.

5.2.16. (1) 참 (2) 거짓 (1) 유한 가환군의 기본정리로부터 위수가 $27 = 3^3$ 이고 서로 동형이 아닌 군은 $\mathbb{Z}_{27}, \mathbb{Z}_3 \times \mathbb{Z}_9, \mathbb{Z}_3 \times \mathbb{Z}_3 \times \mathbb{Z}_3$ 중 하나와 동형이므로 총 3가지이다. (2) $400 = 2^4 \times 5^2$ 이다. 자연수 4의 분할은 5가지, 2의 분할은 2가지이므로 유한 가환군의 기본정리로부터 $5 \times 2 = 10$ 가지이다.

5.3절 연습문제 풀이

5.3.1 $\langle(1,2),(3,4)\rangle = \langle(1,0),(1,2)\rangle = \langle(1,0),(0,2)\rangle$ 이다. 따라서 준동형사상을 $\mathbb{Z} \oplus \mathbb{Z} \to \mathbb{Z}_2, (x, y) \mapsto y$ 라 하면 핵은 $\{(s, 2t) \mid s, t \in \mathbb{Z}\} = \langle(1,0),(0,2)\rangle$ 이다. 그러므로 제 I 동형정리로부터 성립한다.

5.3.2 $G = \mathbb{Z} \oplus \mathbb{Z}$ 라 하자. 위로의 사상을 $f : G \to \mathbb{Z} \oplus \mathbb{Z}_3/\langle(1,\overline{2})\rangle, (x, y) \mapsto (x, \overline{y})$ 라 하면 $\ker(f) = \langle(0,3),(-1,1)\rangle$ 이다. 따라서 제 I 동형정리로부터 $G/\ker(f) \cong \mathbb{Z} \oplus \mathbb{Z}_3/\langle(1,\overline{2})\rangle$ 이다. 한편, 동형사상 $g : G \to G,\ (s,t) \mapsto (-t, s+t)$ 에 대하여 $g(\ker(f)) = \langle(-1,0)\rangle \oplus \langle(0,3)\rangle (\cong \mathbb{Z} \oplus 3\mathbb{Z})$ 이다. 따라서 $G/\ker(f) \cong G/\langle(-1,0)\rangle \oplus \langle(0,3)\rangle \cong \mathbb{Z} \oplus \mathbb{Z}/(\mathbb{Z} \oplus 3\mathbb{Z}) \cong \mathbb{Z}_3$ 이다.

5.3.3 $\ker(\phi) = \langle(5,5),(12,0),(0,6)\rangle$ 이다. 그런데 $\gcd(5,12) = 1$ 이므로 $\langle(5,5),(12,0),(0,6)\rangle = \langle(5,5),(12,0),(1,25),(0,6)\rangle = \langle(5,5),(12,0),(1,1),(0,6)\rangle = \langle(12,0),(1,1),(0,6)\rangle = \langle(12,0),(1,1),(0,6),(6,0)\rangle = \langle(1,1),(0,6)\rangle$ 이다. 따라서 $v = (1,1)$, $w = (0,6)$ 으로 선택할 수 있다.

5.3.4 (1) $(5,5) \in \langle(1,1)\rangle$이고 $(1,1) = 5 \cdot (5,5) \in H$이므로 $\langle(1,1)\rangle = H$이다. 따라서 $(3,3) = 3 \cdot (1,1) \in H$이다. 그러므로 $(3,3) + H$의 위수는 1이다. (2) 먼저 군 G에서 $\text{ord}((5,5)) = 12$이므로 $\text{ord}((m,n)+H) = 6$이다. 연습문제 5.2.4를 이용하면 $\text{ord}((m,n)) = 6$, $H \cap \langle(m,n)\rangle = \{(0,0)\}$인 순서쌍 (m,n)을 찾으면 된다. 셈을 통해 확인해보면 $(m,n) = (1,2)$가 가능하다.

5.3.5 $f : \mathbb{Z}_p^* \to \mathbb{Z}_p^*, f(x) = x^2$으로 군 준동형사상을 정의하면 $H \leq \mathbb{Z}_p^*$이다. $\ker(f) = \{1,-1\}$이므로 제 I 동형정리로부터 $\frac{p-1}{2} = |\mathbb{Z}_p^*/\ker(f)| = |H|$이다.

5.3.6 명제 5.34와 $\mathbb{Z}_m \oplus \mathbb{Z}_n \cong \mathbb{Z}_{mn}$로부터 $\text{Aut}(\mathbb{Z}_{mn}) \cong \mathbb{Z}_{mn}^*$이고 $\text{Aut}(\mathbb{Z}_m) \oplus \text{Aut}(\mathbb{Z}_n) \cong \mathbb{Z}_m^* \oplus \mathbb{Z}_n^*$이다. 따라서 명제 5.28로부터 참이다.

5.3.7 제 I 동형정리로부터 $(\mathbb{Z}_6 \times \mathbb{Z}_{12})/K \cong \text{im}(f)$이다. 그런데 $\text{im}(f) = \langle\overline{9}\rangle \subset \mathbb{Z}_{12}$이다. 따라서 상군의 위수는 $\text{ord}(\overline{9}) = \frac{12}{\gcd(9,12)} = \frac{12}{3} = 4$이다.

5.3.8 $\mathbb{Z}_{24}^* \cong \mathbb{Z}_3^* \oplus \mathbb{Z}_8^* \cong \mathbb{Z}_2 \oplus (\mathbb{Z}_2 \oplus \mathbb{Z}_2)$이고 $\mathbb{Z}_{45}^* \cong \mathbb{Z}_4 \oplus \mathbb{Z}_6 \cong \mathbb{Z}_2 \oplus \mathbb{Z}_{12}$이다. 그래서 최대 위수는 각각 2와 12이다.

5.3.9 $D_n = \{e, r, \ldots, r^{n-1}, rs, \ldots, r^{n-1}s\}$, $r^n = s^2 = e$, $r^i s = sr^{n-i}$, $0 \leq i \leq n-1$이라 하자. $r^k s \in Z(D_n)$, $0 \leq k \leq n-1$이라 하자. 그러면 $r^{k-1}s = r^{n+k-1}s = r^k r^{n-1} s = r^k sr = (r^k s)r = r(r^k s) = r^{k+1}s \Rightarrow r^2 = e$으로 조건에 모순이다. $r^k \in Z(D_n)$, $1 \leq k \leq n-1$이면 $r^k s = sr^k = r^{n-k}s = r^{-k}s \Rightarrow r^{2k} = e \Rightarrow n = \text{ord}(r)|2k \Rightarrow n|k \Rightarrow r^k = e$으로 모순이므로 $Z(D_n) = \{e\}$이다.

5.3.10 (가) $N \lhd G$ (나) $\lambda_n(x) = nxn^{-1} = nn^{-1}x = x$ (다) $G/\ker(\phi) \cong G/N/\ker(\phi)/N$ (라) $|G/N|$

5.3.11 지수 n에 대한 귀납법으로 증명한다. $n = 1$이면, $K \cong \mathbb{Z}_p$이므로 참인 명제이다. $H \lhd N_K(H) \leq K \overset{[K:H]=p}{\Rightarrow} N_K(H) = H$ 또는 K이다. $N_K(H) = K$이면 $H \lhd K$이다. 따라서 $H = N_K(H)$이라고 하자. 그러면 $z \in Z(K) \Rightarrow zHz^{-1} = H \Rightarrow z \in N_K(H) = H \Rightarrow Z(K) \lhd H$이다. 그런데 $p|Z(K)$이므로(문제 5.38) 귀납법 가정에 의해 $H/Z(K) \lhd K/Z(K)$이다. 그러면 표준사영사상 $\pi : K \to K/Z(K)$에 대응정리를 적용하면 $H \lhd K$이다.

5.3.12 성분별 함수가 군 준동형사상이므로 f는 준동형사상이다. $f(3) = (1,0)$이고 $f(4) = (0,1)$이므로 f는 위로의 함수이다. 따라서 $\mathbb{Z}/\ker f \cong \mathbb{Z}_2 \times \mathbb{Z}_3 \cong \mathbb{Z}_6 \Rightarrow [\mathbb{Z} : \ker(f)] = 6 \Rightarrow \ker(f) = 6\mathbb{Z}$이다.

5.3.13 $H = \{e, h\}$라 하자. $H \lhd G \Rightarrow \forall g \in G, gHg^{-1} = \{e, ghg^{-1}\} = H$이므로 $h = ghg^{-1} \Rightarrow hg = gh \Rightarrow h \in Z(G) \Rightarrow H < Z(G)$이다.

5.3.14 임의의 $g \in G$에 대하여 $\mathrm{ord}(gxg^{-1}) = \mathrm{ord}(x) = 2$이고 유일성으로부터 $gxg^{-1} = x$이다. 따라서 $gx = xg$이므로 $x \in Z(G)$이다.

참고 문헌

[1] いしい としあき, **갈루아 이론의 정상을 딛다**(조윤동). 승산, 2017.

[2] 김응태 · 박승안, **현대대수학**. 제8판. 경문사, 2017.

[3] 한국교육과정평가원, [`http://www.kice.re.kr/boardCnts/list.do?boardID=1500212&searchStr=&m=030306&s=kice`.], 2017.

[4] Michael Artin, *Algebra.* 2nd edition. Addison Wesley Publishing Company, 2010.

[5] John B. Fraleigh and Victor J. Katz, *A First Course in Abstract Algebra.* 7th Edition. Addison Wesley Publishing Company, 2002.

[6] Thomas W. Hungerford, *Abstract Algebra, An Introduction.* 3rd Edition. Brooks Cole, 2012.

[7] Keith Conrad, [https://kconrad.math.uconn.edu/blurbs/.]

[8] D. R. Grayson and M. E. Stillman, Macaulay 2, *A software system for research in algebraic geometry.* [http://www.math.uiuc.edu/Macaulay2/.]

[9] John Jones, [https://hobbes.la.asu.edu/groups/groups.html.]

[10] [https://yutsumura.com/.]

[11] [https://mathoverflow.net/.]

찾아보기

플립러닝을 위한
대수학
군 이론편

지은이 김정섭 · 김진원 · 박유진 · 이혜령 · 정기룡
펴낸이 조경희
펴낸곳 경문사
펴낸날 2025년 2월 20일 1판 1쇄
등 록 1979년 11월 9일 제1979-000023호
주 소 04057, 서울특별시 마포구 와우산로 174
전 화 (02)332-2004 팩스 (02)336-5193
이메일 kyungmoon@kyungmoon.com

값 23,000원

ISBN 979-11-6073-767-7

★ 경문사의 다양한 도서와 콘텐츠를 만나보세요!

홈페이지	www.kyungmoon.com	페이스북	facebook.com/kyungmoonsa
포스트	post.naver.com/kyungmoonbooks	블로그	blog.naver.com/kyungmoonbooks
북이오	buk.io/@pa9309	인스타그램	instagram.com/kyungmoonsa

도서 중 **정오표** 및 **학습자료**가 있는 경우 홈페이지 내 해당 도서 상세 페이지의 **자료** 탭에 업로드됩니다.